수학은 과학의 시다

수학은 과학의 시다

Les mathématiques sont la
poésie des sciences

세드리크 빌라니 지음 | 권지현 옮김

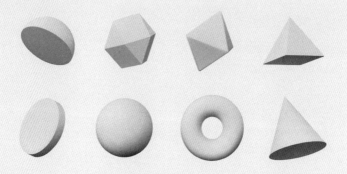

에티엔 레크로아르 그림
앙리 푸앵카레의 〈수학의 발명〉 수록

궁리
KungRee

• 이 책의 제목은 세네갈의 대통령이자 시인이었던 레오폴 세다르 상고르 (1906~2001)의 말을 인용한 것입니다.

차례

서문

·

엘리자 브륀

과학과 문학, 수학과 시(詩). 이들의 관계는 무엇일까? 일견 그 대답은 간단해 보인다. "관계없음." 과학은 사람들을 환상에서 깨어나게 하고, 그들에게서 시적인 정취를 빼앗고, 엘프와 요정을 기계와 터빈으로 바꾸어놓는다고들 한다. 달은 그 위에 인간이 쇳덩어리를 착륙시키고 발자국을 남기기 전에 더 아름답지 않았나? 나는 여기서 과학과 시가 서로 관련 있다는 주장에 찬성 또는 반대하는 논리들을 훑어보며 이 질문에 답을 구하려 한다.

반대 논리

과학은 시적이지 않다. 과학은 진보의 개념에 기반하

기 때문이다. 즉, 과거의 업적을 망각의 그늘로 조금씩 밀어 넣으며 지식이 계단식 구조로 발전하는 것이 과학이다. 반면, 예술가들은 동등하게 존재하는 수많은 섬처럼 일한다. 과학자들이 서로의 어깨 위에 올라가 사다리를 만든다면, 예술가들은 시간을 초월한 군도(群島)를 형성한다고 할까.

두 번째 반대 논리는 반박 가능성의 유무이다. 과학의 중요한 토대 가운데 하나는 모든 주장이 오류로 증명될 가능성이 있다는 점이다. 어떤 명제도 실험을 통해 폐기될 여지가 있다. 예술에는 이런 개념이 존재할 이유가 없다. 예술 작품은 참도 아니고 거짓도 아니다. 그것은 반박 가능하지 않다.

자연 현상의 발견이 그것을 발견한 과학자와는 무관하다는 논리도 있다. 전기나 방사선은 언젠가 다른 과학자가 발견했을지도 모르는 현상인 데다, 하나의 발견이 여러 장소에서 동시에 이루어지는 경우도 많다. 따라서 과학자의 개성은 과학적 발견에서 중요한 역할을 하지 않는다. 예술가의 경우는 그 반대다. 〈환희의 송가〉를 작곡할 수 있는 사람, 〈게르니카〉를 그릴 수 있는 사람은 한 명뿐이다. 예술에는 개인적인 무언가가 있고, 과학에는 공동체적인 성격이 있다.

실험의 위상도 다르다. 예술가와 과학자는 모두 실험을 하지만 그 실험이 같은 의미를 띠지 않는다. 과학자는 대상의 외부에서 대상을 관찰한다. 대상을 측정하기 위해서 장치를 배치한다. 반대로 예술가는 실험에 참여한다. 자신이 관찰하는 대상 속으로 들어가는 것이다.

과학이 기술에 의존한다는 것도 차이점이다. 과학은 늘 새로운 도구를 필요로 하는 정확한 측정을 통해서 진보하기 때문이다. 예술가는 기존의 기술을 자유롭게 선택한다. 연필과 종이만으로 얼마든지 위대한 예술 작품을 탄생시킬 수 있다.

찬성 논리

우선 과학자는 자신을 창조자로 생각한다. 프랑스의 물리학자로 노벨 물리학상을 수상한 피에르-질 드 젠*은 이렇게 말했다. "나는 인생의 40년을 물리학의 창조에 매달렸습니다. 그런데 사람들은 과학에는 창조가 없다고 하더군요. 그렇다면 내 인생은 목적 없는 삶이 됩니다." 어쩌면 주관적일 수도 있는 그의 주장을 넘어 시간을 거슬러 올라가면, 과학과 예술의 구분은 점점 더 모호해진다. 예를 들면 예술에서 독창성은 상대적으로 늦게 나타난 개념이다. 예술가들이 작품에 서명하지 않았던 시대, 독창성보다 모방을 원칙으로 작업하던 시대가 있었다. 대상을 똑같이 재현하거나 어떤 예술의 상태에 그 무엇도 첨가하지 않고 재생산했던 것이다. 창조자의 개성은 시간이 지나면서 조금씩 작품에 나타났다. 그리고 예술과 과학은 고대에 같은 뿌리에서 자랐다. 의학, 천문학, 식물학 등은 과학 분야가 되기 이전에 음악이나 조각과 하나를 이루었다. 거기에 기준을 도입해서 체계를 잡은 것은 그리스 철학자들이다. 그렇게 해서 분야가 다양해졌다. 개념과 추론을 바탕으로 한 활동들이 과학 분야

* 1932~2007. 프랑스의 물리학자로, 1991년에 액정과 폴리머에 관한 연구로 노벨상을 받았다.

로 발전한 것이다. 게다가 시적 본능에는 연구와 과학적 설명의 씨앗이 담겨 있을 때가 많다. 많은 신화와 시에서 우리는 엄격한 과학적 설명을 예감한다. 예를 들어 오비디우스*와 다윈은 본질적으로 같은 것을 말하고 있다. 오비디우스는 비유적인 방법으로 말했고, 다윈은 엄격한 방법으로 말했을 뿐이다. 두 사람은 모두 생명체의 핵심 동인이 바로 '변신'이라고 생각했다.

또 다른 논리는 예술가와 과학자가 같은 동력을 가졌다는 점이다. '리비도 스키엔디(*libido sciendi*)', 즉 알고자 하는 욕구, 열정이다. 이 열정이 그들 안에 말 그대로 살아 있고, 때로는 다양한 관심사를 서로 분리하지 못할 정도로 그들의 삶을 가득 채운다. 모든 것이 그들의 마음을 사로잡는 대상이다. 순수한 추론의 방법론과는 거리가 멀지만 이성과 감정이 함께 가고, 프랑스 생리학자 클로드 베르나르**가 말했듯이 "열정은 이성을 자극하고, 이

---

* BC 43~BC 17. 고대 로마의 시인으로, 대표작 『변신 이야기』에서 서사시 형식으로 신화를 집대성했다.
** 1813~1878. 프랑스의 물리학자이자 생리학자로 실험의학의 창시자 중 한 명

성은 열정의 길을 안내한다."

예술가와 과학자에게는 영감의 원천이라는 공통점도 있다. 현실에 대해 느끼는 경이로움과 놀라움이 그것이다. 그것은 그 자체로 시적이며 시적인 감동을 불러일으킨다. 물리학자 리처드 파인만*은 이렇게 말했다. "욕조나 길 위에 고인 웅덩이의 물을 바라보는 재미가 어린이를 물리학자로 만드는 것이다." 시인도 '이것이 바로 어린이를 시인으로 만드는 것이다'라고 아마 같은 말을 할 것이다. 그 무엇에도 놀라지 않게 된 사회에서 시인과 과학자는 모두 경이로움과 놀라움을 잃지 않은 사람들이다. 과학자가 간직한 호기심 어린 시선이 시인의 눈보다 더 경이롭고 매혹적이라고 느끼는 사람들이 있을 것이다. 리처드 파인만도 그렇게 생각했는데, 그가 한 비유를 나는 참 좋아한다. "주피터(목성)가 평범한 남자인 듯 말

으로 여겨진다.
* 1918~1988. 양자전기역학, 쿼크, 초유동 헬륨에 관한 연구로 유명한 미국의 물리학자이다. 대중을 위한 과학서를 많이 썼다. 1965년에 양자 전기 역학에 관한 연구로 도모나가 신이치로, 줄리언 슈윙거와 노벨상을 공동 수상했다.

하고 그의 전차와 허벅지에 대해 말할 수 있지만, 메탄과 암모니아로 이루어진 거대한 구에 대해서는 입을 다무는 시인들은 어떤 사람들인가?" 거대한 구가 몇 배나 더 놀랍지 않은가? 마찬가지로 왜 인간이 달에 갔다고 한탄해야 하는가? 왜 환상을 깼다고 한탄해야 하는가? 달에 갔기 때문에 목성, 해왕성 등 다른 천체로 탐사선을 보낼 수 있게 되었는데 말이다. 거기에 그치지 않고 우리는 태양계 밖으로 떠났고, 100년 전이라면 존재조차 의심하지 않았을 수백 개의 외계행성을 알게 되었다.

예술가와 과학자의 출발 조건은 따라서 경이로움이다. 그러나 이 출발점에서 길은 갈라진다. 자연을 대상으로 삼을 수도 있고 모델로 삼을 수도 있다. 즉 자연에 대해서 작업을 할 수도 있고, 자연과 함께 작업할 수도 있다. 예술가라면 자연처럼 작업하기를 선택한다. 피카소가 이런 말을 한 적이 있다. "자연을 모방하지 말고(재생산하거나 복사한다는 의미로) 자연처럼 작업해야 한다." 이 말은 자기 자신의 나뭇가지들이 자라는 것을 느껴야 한다는 뜻이다. 피카소는 "내 나뭇가지가 자라게 하고 싶다"라고 말했다. 반면 과학자는 자연을 대상으로 삼는다. 그는 자연을 외부에서 연구하지만 예술가의 자질도 필요하다. 이에 대해서는 보들레르와 아인슈타인이 한 말이 일맥상통한다. 시인 보들레르는 "상상력은 가장 과학적인 능력이다"라고 말했고, 물리학자 아인슈타인은 "상상력은 진정한 과학의 발아장이다"라고 말했다.

예술가와 과학자에게는 경이로움과 상상력이 공통으로 있다. 또 둘 다 '추상'이 중요한 역할을 한다. 그것은 실재하는 세계를 자세히 관찰해서 독립적으로 탐구할 현실의 측면들을 선택하는 작업이라 할 수 있다. 추상은 예술 작업에서든 과학 연구에서든 첫 번째로 필요한 단계다. 이때는 가장 먼저 무언가를 나타나게 하는 것이 아니라 사라지게 해야 한다. 그러고 나서야 이론 또는 작품을 만들기 위한 고찰, 구성, 해석의 작업이 시작될 수 있다. 요약하자면, 아인슈타인은 "과학은 감각의 데이터라는 미로에서 일련의 데이터를 추출하고, 거기에 감각을 초월하는 개념—자유로운 창작물—을 입히는 작업이다"라고 말했다. 과학자에게 개념은 창조할 수 있게 만들어주는 것, 조각으로 치면 재료에 해당한다.

　방금 말했던 모든 요소를 한데 모으면, 하나의 공통분모에서 두 개의 활동이 나오는 것을 볼 수 있다. 그것은 마치 같은 줄기에서 출발해 다르게 뻗어 자라는 두 개의 나뭇가지와 같다. 그 사실을 알게 되면 두 활동 모두 한계를 가지고 있다는 것도 알게 된다. 한 방향으로 지나치게 전문화되어 위험 요소를 갖게 되기 때문이다. 과학자는 편협한 추론을 할 위험을, 시인은 애매하고 메마른 직관을 가질 위험을 떠안는다. 시인 앙리 미쇼*는 자신의 작업에서 과학적 서사를 일부러 사용했고, 시적 모호성을 깎아내리는 도구로 사용하기도 했다. 그는 당대 시인들의 작품이 아무것도 얻을 게 없는 단순한 인상의 파편처럼 보일 때가 많다고 생각했다. 일정한 균형을 이루려면 예술가와 과학자의 정신 모두를 갖추어야 한다는 것을 보여준 그만의 방식이었다.

---

* 1899~1984. 벨기에 태생의 프랑스 작가이자 시인, 화가이다. 시를 쓴 것 이외에도 실제와 상상의 여행에 관한 글을 썼고 메스칼린과 대마초 등 환각제를 경험한 이야기를 썼다.

나는 현재 예술과 과학이라는 두 분야가 큰 변화를 맞고 있다고 말하고 싶다. 과학이 그런 것은 20세기 이후 특히 양자역학이 출현하고는 과학의 토대가 조금 흔들렸기 때문이다. 고양이가 죽었는지 살았는지 알 수 없고, 입자가 여기에 있는지, 저기에 있는지, 아니면 동시에 두 곳에 존재하는지 알 수 없게 되자 많은 가능성이 열렸다. 그것은 과학의 엄격성이 줄어들었기 때문이 아니라 과학의 근간을 다시 생각해야 하기 때문이다. 이에 대해 프랑스의 철학자 미셸 비트볼*은 이렇게 말했다. "과학은 그 어느 때보다 가능성의 전개가 되었고 실재하는 것을 즉각적으로 이해하는 것과는 멀어졌다." 같은 맥락에서 앙드레 브르통**이 한 말을 언급하고자 한다. "과학에 그와는 정반대일 것만 같은 시적 정신을 가지고 접근해야 할 날이 올 것이다. 우리는 조금 자유로운가? 우리는 이 길 끝까지 갈 것인가?"

---

* 1954~ . 양자역학과 양자장론을 연구한 프랑스의 과학철학자이다.
** 1896~1966. 프랑스의 작가이자 시인으로, 초현실주의 이론을 창시하고 발전시킨 인물로 알려져 있다.

그런가 하면 예술가들은 과학에 매료되는 것과 과학적 방식에 대해 작업하는 것을 달가워하지 않으면서도 정작 예술의 비평가와 이론가가 되고 있다. 자신의 작업을 이론에 편입시키는 것이 오늘날에는 예술적 작업 방식의 표준이 되었다. 반대로 과학자는 점점 더 분명하게 연구의 주체가 된다. 그는 관찰의 주체이자 객체가 된다. 과학은 자신의 대상 안에 스며든다. 복잡하고 모순적이기도 한 양자물리학에서나 뇌를 연구 대상으로 하는 인지과학에서도 마찬가지이다. 자기 자신을 연구하는 것이다.

과학은 무한한 실재에 비해 한정적이다. 반박 가능성과 측정이라는 개념을 바탕으로 작동하기 때문이다. 과학자는 측정 가능한 것만 측정할 수밖에 없기에 실재의 일부를 볼 수밖에 없다. 그런데 이 말은 수학에는 해당하지 않을지도 모른다. 수학은 규칙과 추론에 따라 행해지지만 물질적인 사실과는 반드시 일치하지 않을 수 있기 때문이다. 물리학이나 다른 자연 현상에서 영감을 받고 거기에 적용될 때에는 일치하지만, 36차원쯤 되는 공간이나 상상의 수들 속에서는 완전히 자유롭게 전개될 수 있다. 그럴 때 그 누구도 수학에 실험실에서의 실험을 요구하지 않는다.

　세드리크 빌라니의 말을 듣기에 앞서 나는 수학이 가장 자유로운 과학이라고 말하고 싶다.

글쓴이　엘리자 브륀(Élisa Brune, 1966~2018) 벨기에의 작가이자 과학
저널리스트. 환경과학 박사 학위를 받았으며, 엘리자 엘즈(Élisa
Else)라는 가명으로 디자이너 겸 화가로도 활동했다.

1

수학, 과학 그리고 시

수학[1]은 과학이라는 사실을 언급하며 이야기를 시작해보는 것이 좋겠다. 어떤 이들은 여러 이유로 수학이 독자적인 학문이라고 말하겠지만 나는 수학이 무엇보다 먼저 과학이라고 말하는 편에 속한다. 우선, 수학도 모든 과학 분야가 중요하게 생각하는 관심사에 똑같이 바탕을 두기 때문이다. 과학과 마찬가지로 수학도 먼저 세상을 기술하고, 그다음에 세상을 이해하며, 마지막으로 세상을 변화시킨다. 기술, 이해, 변화는 과학적 방법론의 삼총사다.

그러나 이 세 단계 자체가 과학적 방법론의 특징이라고 하기엔 뭔가 부족하다. 인간의 다른 활동 영역에서도 이 세 가지 대원칙이 존재하기 때문이다. 과학적 방법론의 특징에는 수학에서도 존재하는 특정한 작업 방식과 원칙이 있다.

가장 첫 번째 기본 원칙은 선험적 회의이다. 과학에서는 추론으로 설득당했을 때만 그 주장을 믿어야 한다. 어떤 주장을 믿게 하는 것은 논리적이고 합리적인 추론이지 어떤 학자나 논문, 저서 등 권위 있는 레퍼런스가 아니다.

과학의 두 번째 기본 원칙은 정보의 공유와 동료들의 유효성 인정이다. 어떤 사실이 참이 되는 것은 권위를 가진 누군가가 그렇다고 주장하기 때문이 아니다. 동료들이 맞다고 인정하고 추론을 받아들일 때 비로소 참으로 확정된다. 이는 간단하게 이루어지는 과정이 아니다. 이의와 반론, 반성이 있어야 하고, 정보는 공유되어야 한다. 또 동료들의 인정을 받아야 하고, 그 과정에서 그 누구도 다른 사람보다 발언권이 세지 않아야 한다. 이는 과학자들이 항상 받아들이는 기본 원칙이다. 추론의 정확성과 명확성, 확신이야말로 사람들의 수긍을 끌어내는 것이다.

물론 사람들은 세간에 알려지지 않은 아마추어보다 상을 받은 과학자가 하는 말을 더 쉽게 믿는다. 까다로운 대수학 정리를 증명하는 논문을 장-피에르 세르[2]가 썼다면 한 번도 들어보지 못한 수학자가 썼다고 할 때보다 더 믿을 것이다. 그러나 이것은 과학적인 이상에 못 미치는 인간의 불완전함 때문이다. 사실 우리는 장-피에르 세르와 무명의 수학자를 동등하게 대우해야 한다. 실제로 혼자 연구하는 무명의 수학자가 최고의 전문가들도 풀지 못한 어려운 문제를 풀기도 한다. (몇 년 전 중국의 장이탕이, 그리고 1970년대에 프랑스의 로제 아페리가 좋은 예이다.[3] 두 사람이 어려운 문제를 풀어 세계적인 명성을 얻은 것은 예순 살이 넘어서였다.)

선험적 회의주의, 추론의 사용, 증명의 공유, 동료들의 유효성 확인 등의 원칙들은 수학에서도 적용된다. 그런 면에서 수학도 과학이라 할 수 있다. 사실 수학에서는 그 원칙들이 극단적으로 적용된다. 무엇이든 100퍼센트 증명되어야만 믿기 때문이다. 수학자라면 "a에서 유추해서 b를 생각해볼 수 있다"고는 말하지 않는다. 수학자는

"이것을 아주 작은 단위까지 증명해 보일 것이다. 논리적인 추론으로 당신을 확신에 이르게 할 것이다"라고 말할 테니까. 물론 이 부분도 인간으로서 도달할 수 없는 이상적인 목표이다. 그리고 모든 추론에는 작은 도약들이 있기 마련이다. 그러나 원칙적으로 아주 작은 추론까지도 논문에서 재구성될 수 있다. 어떤 추론들은 수백 쪽에 걸쳐 전개될 수 있고, 또 어떤 추론들은 전문가들이 몇 년에 거쳐 확인하는 과정을 필요로 할 수 있다.

맞다는 것은 알지만 증명이 불가능한 추측을 살펴보면 더 놀랄 것이다. 매일같이 증명되는 추측들이 있고, 매일같이 새로운 추측들이 만들어진다. 그러나 유난히 눈에 띄는 것들이 있다. 골드바흐의 추측과 콜라츠 추측은 가장 잘 알려진 추측으로 아직 증명되지 않았다. 수학자들에게는 리만 가설이 가장 유명하다. 리만 가설이 10조 개의 사례에 적용되어 한 번도 오류로 확인된 적이 없다고 생각하면 참으로 경이롭다. 그러나 수학자들이 보기에 10조 개의 일치하는 단서들이나 100조 개의 확인된 예측들은 증명의 가치가 없다. 이보다 더 까다로운 지식의 분야가 있을까!

이번에는 내가 한 말의 미묘한 차이를 설명하겠다. 수학적 응용을 할 때는 엄격하게 증명되지는 않은 추론과 경험의 조합을 바탕으로 참이라고 믿는 여건들을 계속 적용해나갈 수 있다. 그러나 수학자들은 충분하다고 판단되는 단서들이 뒷받침하면 그 추측을 그대로 믿는 경향도 있다. 그 추측을 정립된 것으로 보지는 않지만 마음속으로는 그렇다고 확신한 것이다. 그리고 바로 그 믿음이 수학자들을 안내할 때가 많다. 수학적 진리를 정립하는 데 증거가 되는 것은 연역적 추론이 맞지만 귀납적 추론이나 사고의 경험으로도 같은 진리를 엿본다. 아무튼 이 모든 것을 고려하더라도 수학은 지극히 엄격한 요구 조건을 충족시켜야 하는 학문이다.

거기에서 더 나아가 수학은 과학의 정수라고 볼 수도 있을 것이다. 이 말은 수학이 다른 과학 분야보다 우월하다는 뜻이 아니다(아인슈타인은 그렇다고 쓴 적이 있지만!).[4] 과학과 과학적 추론의 원칙들이 수학에서 극단까지 밀어 부쳐졌다는 뜻이다. 수학에서 추론들은 막대한 비중을 차지할 수 있고, 비상식적인 수준의 엄격함이 요구될 수 있다. 수학에서 개념화가 차지하는 비중도 언급할 수 있겠다. 수학은 순전히 개념 속에 존재하는 학문이기 때문이다. 그래서 수학은 다른 과학 분야와는 달리 머릿속에 있는 개념과 외부의 경험 사이에서 왔다 갔다 하는 일이 없다. 수학자는 개념만 생각한다. 물론 개념이 실재에서 올 수도 있고, 증명도 매우 실험적일 수 있다. 하지만 모든 것은 개념이라는 전장(戰場)에서 이루어진다.

수학은 놀라울 정도로 효율적인 학문이기도 하다. 누구나 주지하는 사실이지만, 현대에 이룩된 과학적 및 기술적 업적에는 크든 작든 항상 수학이 기여한 바가 있다. 그것은 물질과 실재 세계를 지배하는 추론의 힘을 보여준다. 그 힘이 워낙 막강하므로 현실이 무엇보다 수학적인 구성물, 추상적인 구성물이어야 한다고 주장하는 사람들도 있다.

그러한 이유로, 수학이 예술이라고 보거나, 수학에 걸맞은 예술을 찾는다면 우리는 디자인을 고를 수 있을 것이다. 디자인에는 수학에서 볼 수 있는 양면성이 담겨 있기 때문이다. 한편에는 조화, 추상화, 미학이 있고, 다른 한편에는 효율성의 의무가 있어서 그 둘이 양면성—혹은 변증법적—을 이룬다. 디자인도 우아하고, 실용적이며, 용도가 있어야 한다. 테이블은 모양도 잘 빠지고 동시에 견고하며 쓰기 편해야 한다. 수학도 마찬가지이다. 아름답고, 독창적이며, 쓸모가 있어서 완벽하게 그 가치를 인정받아야 한다. 우리는 매일 그런 경험을 한다. 일기예보, 경로 계산, 기계 번역 등 수학이 기여하지 않는 분야는 없다. 테이블과 가구처럼 우리 주변 어디에나 있는 수학은 자연과 기술에도 항상 존재한다. 하지만 그것이 기능을 잘할 때는 사람들은 그 존재 자체를 잊어버리고 만다. 메시지를 보내거나 인터넷 검색을 할 때 전자기장, 전자, 재료과학의 원리를 알 필요가 없듯이 수학 원리를 알 필요는 없으니까.

만약 수학이 문학 장르라면 어떨까? 그렇다면 수학은 분명히 시일 것이다. 레오폴 세다르 상고르는 한 학술대회의 프로그램에 쓰인 알쏭달쏭한 표현을 보고 본능적으로 그렇다고 느꼈던 것 같다.[5] 나의 전작『살아 있는 정리』를 읽은 독자들도 수학과 시가 비슷하다고 말하곤 한다. 나는 이 책에서 전문가들이 벌이는 수학적 토론을 있는 그대로 기록했다.[6] 시적 요소는 낯설고 예기치 않은 요소들의 출현에서 비롯될 수 있다. 어떤 대화에서 뜬금없이 신비한 의미를 담은 단어들을 볼 때, 우리는 아름답다고 느낀다. 그 느낌은 마치 알아듣지 못하는 외국어로 부르지만 신비한 멜로디의 힘이 느껴지는 노래를 듣는 것과 비슷하다(게다가 번역을 하면 그 신비로움이 깨지면서 틀림없이 실망하고 말 것이다). 실제로 프랑스 시인 로트레아몽은 『말도로르의 노래』에서 수학 용어를 사용하는 행복한 실험을 했다.

일상적인 용어도 수학자들이 원래의 의미와 다르게 사용할 수 있다. 예를 들면 수학에서 '환(ring)'이라는 말은 특정한 의미를 나타낸다. '환'은 손가락에 끼는 반지가 아니라 두 개의 연산, 결합 법칙, 항등원 등이 특징인 대수 구조의 하나를 가리킨다. '스펙트럼'과 '체(field)'도 수학에서는 다른 의미를 갖는다. 이처럼 원래의 의미와 다르게 사용되는 용어가 수백 개에 이른다. 비전공자가

그런 용어를 듣고 자신의 전공 분야에서 쓰이는 의미로 이해할 때 시적인 요소를 느낄 수 있다.[7]

이러한 과정—수학적 대상을 예기치 못한 맥락에 두는 것—은 시각적으로도 일어날 수 있다. 시각 미술가인 만 레이가 1930년대에 푸앵카레 연구소의 기하학 모형들로 그런 시도를 한 바 있다. 그는 기하학을 전혀 이해하지 못했지만 그 안에서 어떤 아름다움을 보았다. 그는 곡선이 보여주는 아름다움과 모형의 미학을 좋아했지만, 인간의 머리에서 만들어진 개념을 표현했다는 그 모형이 사람의 손으로 만들어졌다는 사실에 더 놀랐다. 그는 거기에 중요한 점이 있다고 느꼈다. 그것은 우리가 외국어를 들을 때와 비슷하다. 정작 자신에게는 낯설지만 매혹적인 음으로만 들리는 그 소리가 다른 누군가에게는 의미를 띤, 이해 가능한 소리라는 사실을 우리는 잘 알고 있다. 또 그런 이유로 그 소리가 더욱 흥미롭게 느껴지는 것이다.

만 레이는 수학적 사물을 사진으로 찍어 얼굴이나 가면처럼 보이도록 작업했다.[8] 그러한 사진 작품을 기초로

〈셰익스피어 방정식〉이라 불리는 일련의 회화 연작을 그렸다. 이 같은 연출은 원본과 다른 무언가를 가리키고, 그 다른 무언가가 우리에게 말을 건넨다.

또 다른 작가를 언급하며 이 꼭지를 마쳐야겠다. 바로 시인의 면모를 지닌 유명한 소설가이자 뛰어난 수학자인 찰스 도지슨이다. 그는 필명인 루이스 캐럴로 더 잘 알려져 있다. 어린이를 위한 우화와 논리학 책을 동시에 썼던 그가 이처럼 두 개의 자아를 가졌다는 사실에 놀랐던 사람이 많을 것이다. 실제 삶에서 권위적이고 보수적이었던 그가 자신의 풍부한 상상력을 사람들 앞에서 드러낸 적은 거의 없었다. 그러나 그의 세계에서 모든 것이 연결되어 있었다고 나는 확신한다. 그의 소설에는 수학 개념, 논리와 귀류법, 복합어, 정성 들여 만든 규칙으로 고안한 신조어가 가득하다.[9] 그의 논리학 저서는 창의성이 넘쳐나고 가끔 마법도 등장한다. 그는 이처럼 뛰어난 기(예)술을 겸비한 채 시적 방법론으로 수학을 연출할 줄 알았던 것이다.

2

제약과 창의성

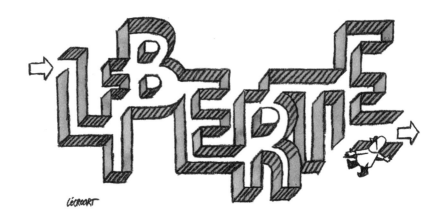

LÉCROART

liberté: 자유

시와 수학의 중요한 공통점은 제약이 많다는 것이다. 나는 제약과 창의성이 불가분의 관계라고 생각한다. 제약이야말로 내가 아이디어 창조의 핵심으로 소개하고 싶은 일곱 개의 재료 중 하나다.[10]

수학에는 분명 제약이 존재하고 그로 인해 생기는 창의성은 매우 크다. 어떤 의미에서 수학은 규칙의 과학, 우리가 규칙에서 추론할 수 있는 것의 과학이다. 최대한 적은 규칙과 가설을 가지고 연구를 한다는 것은 수학의 자부심이기도 하다(유클리드의 제5공리가 나머지 네 개의 공리와 별개라는 결론에 이를 때까지 제5공리를 증명하려 했던 수백 년에 걸친 노력을 생각해보라). 그러나 수학의 첫 번째 제약은 완벽하게 논리적인 추론을 하는 것이고, 그것은 매우 특별한 제약이다. 수학이 위대한 것은 수많은 제약에도 불구하고 아주 적은 재료로 창의적인 서술을 많이 할 수 있기 때문이다.

시에서는 고대의 운율이든 현대의 시구에 드러나야 하는 리듬이든 규칙이 엄청나게 중요한 역할을 한다. 새로운 제약은 새로운 문학 장르를 탄생시킨다. 시인, 소설가, 수학자가 모여 만든 울리포(OuLiPo)[11]의 실험 문학이 그 예이다. 이 모임의 공동 창립자 레몽 크노[12]는 『시 100조 편』에서 조합, 그러니까 시구들을 다양하게 조합해서 나열하면 모든 종류의 시가 가능하다는 것을 증명했다.[13] 그렇다면 거기에 수학 규칙을 적용하면 어떨까? 아마 놀라우면서도 아름다운 결과를 얻을 것이다. 'S+7'이라는 규칙을 적용한다고 치자. 중요한 단어와 관심이 있는 단어가 나올 때마다 사전에서 찾은 다음, 그 단어에서 일곱 번째 뒤에 있는 단어를 취해서 원래 단어와 바꿔보자. 이는 꽤 단순한 규칙이다. 유명한 우화에 이 규칙을 적용한 결과는 다음과 같다.

La cimaise ayant chaponné

Tout l'éternueur

Se tuba fort dépurative

Quand la bixacée fut verdie :

Pas un sexué pétrographique morio

De moufette ou de verrat.

Elle alla crocher frange

Chez la fraction sa volcanique…[14]

재미있는 사실은 이상한 단어들이 튀어나와 말이 되지
않는 이 글을 보고 프랑스 사람들이 라 퐁텐의 우화 〈개
미와 매미〉라는 것을 알아본다는 점이다. 아름답고 즐겁
지 않나? 이 모든 것에 수학 규칙이 숨어 있다는 것을 알
게 되면 흥미가 배가된다. 아주 단순한 규칙이 결과에 큰
파장을 일으킬 수 있다는 사실이 놀랍기도 하다. 작은 규
칙이 모든 것을 바꾼다. 이는 수학자의 입장에서 시적으
로 매우 매력적인 것이 사실이다.

우리 시대와 좀 더 가까운 예를 들어보자. 에티엔 레

크로아르는 울리포의 후손 격인 잠재만화실험실 우바포 (OuBaPo)[15]의 회원이다. 그는 이 책의 삽화뿐 아니라 놀라운 만화 작품들도 그렸다. 예를 들면 페이지를 접어서 만화의 칸이 다르게 조합되면서 의미가 아예 다른 새로운 이야기가 만들어지는 식이다. 거꾸로 읽어도 제대로 읽은 것과 똑같이 읽히는 회문 형식을 띤 작품들도 있다. 말풍선과 이미지를 앞부터 읽으나 뒤부터 읽으나 똑같이 읽히는 것이다. 그밖에도 기발한 규칙을 적용한 작품들이 많다.

시에 수학을 도입하는 또 다른 방식은 바로 수학 규칙을 엉뚱하게 적용하는 것이다. 콜레주 드 파타피지크의 글에서 보리스 비앙[16]은 신을 수학적으로 계산해보겠다는 기상천외한 시도를 했다.[17] 그는 다양한 추론을 제안했다. 온갖 종류의 공식에 대입한 결과는 $1+x$ 또는 0, 기타 등등이 될 수 있다. 물론 그 공식들은 보통 아무런 의미가 없지만 끝말잇기를 닮은 방법을 사용해 표면상 논리적이라는 인상을 준다. 보리스 비앙은 수학 형식으로 엉뚱한 결과에 이를 수밖에 없는 일종의 말장난을 한 것이다.

보리스 비앙은 수학을 좋아했다. 프랑스의 가수 레오 페레와 마찬가지로 비앙도 자신의 글에 수학적 요소를 집어넣었다. 그는 프랑스에서는 수학을 모르는 게 자랑이 되었다고 말하면서 이렇게 덧붙였다. "나는 수학을 전혀 이해하지 못하는 사람은 바보 멍청이라고 생각한다. 수학은 하나도 모르고 그래서 바보라는 것이 왜 자랑거리가 되어야 하는지 모르겠다." 물론 그의 말에는 도발이 담겨 있다. 그러나 수학자라면 누구나 "와, 저는 수학이라면 젬병이에요"라는 말을 수없이 들었을 것이고, 그러니 비앙의 짜증을 이해할 수 있을 것이다.

3

영감의 원천

수학과 시의 관계를 찾아볼 수 있는 방법은 또 있다. 그것은 바로 영감이다. 수학 개념은 시적인 예술 작품에 영감을 줄 수 있다(그 반대 사례는 안타깝게도 찾을 수 없다). 그 예로 네덜란드의 판화가 마우리츠 코르넬리스 에셔를 들 수 있겠다. 그는 서로를 그리는 두 개의 손을 보여주는 유명한 작품에서 자신에게 적용되는 '재귀'라는 수학 개념을 탐구했다. 그런가 하면 비유클리드 기하학은 그의 놀라운 테셀레이션 작품들의 영감이 되었다. 마치 꿈처럼 굴절된 추상적 개념들도 들어 있다. 특히 그의 석판화 〈상대성〉이 그렇다. 그러나 그의 작업은 수학 이론의 의미를 쉽게 이해시키는 것을 목표로 한 것이 아니다. 그렇다고 수학적 작품을 만들어내기 위해 규칙을 사용한 것으로 볼 수도 없다. 그의 작업은 본연의 예술적 존재감이 있는 작품을 만들어내기 위한 영감에 관한 것이다.

그 길은 예술의 세계와 수학의 세계가 갖는 중대한 관계라고 생각한다. 나는 『살아 있는 정리』[18]에서 언뜻 부조리해 보이는 섀퍼-슈니렐만의 정리를 연구하며 그 길을 탐험한 직이 있다. 이 '유체역학의 가장 놀라운' 역설은 압축할 수 없는 비점성의 유체가 외부의 힘을 전혀 받지 않아도 갑자기 심하게 요동칠 수 있음을 서술한다.[19] 이를 수학적으로 공식화하면 범접할 수 없는 것으로 보이고(비압축성 오일러 방정식은 시공간상의 옹골집합compact space 위에 지지된, 자명하지 않은 분포적 해를 가진다), 이미지로 형상화한 버전은 수학 세계에 머물렀을 수도 있었던 서술을 실재 세계에서 재미있게 번역한 것이 된다.

4

관계 만들기

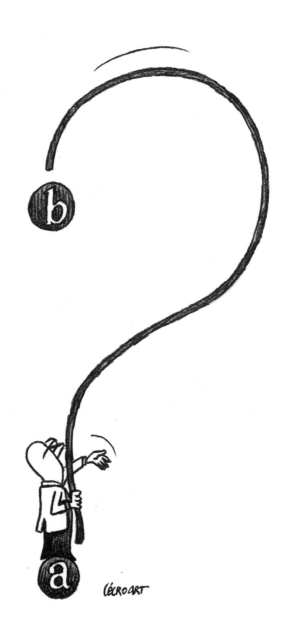

내가 지금까지 언급한 수학과 시의 관계는 수학과 별개인 요소를 끌어들인다. 독자와의 상호작용, 저자와의 상호작용, 문학과 수학의 상호작용, 수학 이론의 현실 적용 사례 등이 그것이다.

그렇다면 다음과 같은 질문을 할 수 있다. 수학은 예술가의 시선이 개입되지 않을 때도 본질적으로 시적인 성질을 내포하는가? 수학자들만 있는 세계를 상상해보자. 그들이 소통을 추구하지 않아도 그들의 연구 안에 시적 방법론이 존재하는가? 짐작했겠지만 그 대답은 확실히 '그렇다'이다.

우선, 수학에서는 늘 관계, 유추, 비교—고전적인 작

시법—를 추구하기 때문이다. 나는 『살아 있는 정리』에서 이를 격자 구조로 설명한 적이 있다. 한 수학자는 장-마리 위아르가 가사를 쓴 그리부유의 노래를 들으며 연구를 하고 있다. 그는 수학에 있어 관계에 대해 생각하기 시작한다. 그러다 보면 노래를 다시 생각하게 된다. 수학자는 매우 상이한 두 가지 대상의 관계를 설정하는 중인데, 매우 상이한 자신의 연구와 노래의 관계도 설정한다. 노래에서도 아무런 관련이 없어 보이는 선원과 장미를 관련짓기 때문이다.

사실 이것은 길고 영광스러운 수학의 역사에서 흔한 일이다. 연구 중인 수학자는 서로 관련이 없는 요소들 간의 관계를 만들어내기 때문이다. 사례는 많다. 카를 프리드리히 가우스, 에바리스트 갈루아, 베른하르트 리만, 앙리 푸앵카레, 루이 바슐리에, 에미 뇌터, 장-피에르 세르, 알렉산더 그로텐디크, 미하일 그로모프, 앤드루 와일스, 로버트 랭글랜즈, 윌리엄 서스턴, 발터 티링, 그렉 롤러, 벤델린 베르너, 오데드 슈람 등 유명한 수학자(또는 수학자들로 이루어진 팀)들이 뜻밖의 대응 관계를 발견해서 영

예를 얻었다.

나도 연구를 할 때 끊임없이 이런 관계를 설정한다. 예를 들면 기하학 문제와 통계물리학 문제를 연결 짓는 것이다. 사실 나는 비유클리드 기하학(리치 곡률 텐서), 최적화(최적화된 수송), 그리고 통계물리학(엔트로피)의 밀접한 관계를 발견한 연구팀의 일원이라는 엄청난 행운을 누리기도 했다. 서로 다른 사람이 다른 목적으로 다른 이론―설명도 다르게 되어 있을 때가 많다―을 연구하면서 발전시킨 개념들이 그렇게 관계를 맺는 것이다. 이러한 공동 작업이 수학 분야에서 이루어진 많은 발전과 유명한 업적들의 근간이 되었다. 서로의 연구 성과를 공유하면서 관련이 있는 요소들을 밝혀내고 때로는 극적으로 문제가 해결된다. 앙리 푸앵카레는 "수학을 한다는 것은 두 개의 서로 다른 대상에 같은 이름을 지어주는 것이다"라고 말했다.[20] 그런데 왜 이런 현상은 유독 수학에서 더 자주 발생할까? 아마도 수학자들이 추상적인 것을 연구하기 때문일 것이다. 또한 개념을 추상화한다는 것은 현상 속에 내재된 부분이기 때문이다.

수학 분야, 그리고 아마도 모든 과학 분야를 통틀어서 가장 눈에 띄는 성과 중 하나는 '중심 극한 정리'일 것이다. 영국 통계학자 프랜시스 골턴이 오류 빈도의 법칙(law of frequency of error)이라고 불렀던 정리이다. 이 정리는 서로 독립적인 무작위 오류들의 합이, 작은 오류들은 큰 확률을 가지고 큰 오류들은 작은 확률을 가지는 보편적인 종형곡선을 이룸을 서술한다. 이 보편적인 법칙은 정치 여론 조사나 수면의 변화, 지속적으로 움직이는 입자의 운동, 사람들의 키 등 어디에나 적용된다. 이들은 완전히 상이한 현상들이지만 똑같은 법칙을 나타낸다. 똑같은 추상적 현상이 실제로 매우 다양하게 구현되는 것이다. 이처럼 서로 다른 요소가 갖는 관계야말로 수많은 수학 방법론의 기본이다. 그것은 시의 핵심이기도 하다. 시인도 두 개의 대상, 사물과 일상의 현상을 예를 들면 이미지, 알레고리, 표상, 온갖 종류의 유추를 통해 연결한다.

5

휴대 가능한 세계

수학적 방법론이 시의 방법론과 비슷하다고 할 수 있는 이유는 또 있다. 그것은 세계를 재창조하겠다는 야망이라는 공통점이다. 여기서 세계란 몸에 지니고 다닐 수 있는, 또는 뇌에서 불러낼 수 있는 '휴대 가능한 세계'를 말한다. 수학자는 외부 세계를 몇 개의 수식으로 바꾸고, 그것을 머릿속에 가지고 있다가 종이에 옮겨 적어 연구한다. 그와 마찬가지로 시도 몇 개의 절로 한정된 공간에 독자가 제 것으로 만들 수 있는 세계를 재창조한다.

사실 어떤 현실들은 이해하는 것이 아예 불가능해서 그것을 우화로든 추상으로든 바꾸어 생각할 수 있다. 수학에서는 공식의 형태로 세계를 좀 더 명확하게 표현하

려고 애쓴다. 지구에서 수백만 년 떨어져 있는 목성이
나 행성들을 생각해보자. 우리가 그 행성에 갈 수는 없
어도 추상이라는 방법을 통해 행성을 지배하는 법칙 몇
개로 표현하는 것은 가능하다. 뉴턴이 발견한 만유인력
의 법칙이 그 예이다. 그렇게 되면 천문학적으로 오랫동
안 행성이 어떻게 변할지 예측할 수 있다. 이를 개념적
으로 매우 한정 지은 공간에 새로운 세계를 재창조하는
것이라 볼 수 있다. 그리고 어떤 의미에서 우리는 그 세
계를 지배한다고 볼 수 있다. 아인슈타인은 세계가 이해
가능하다는 것 자체가 가장 믿기지 않는 일이라고 말했
다.[21] 실제로 세계는 몇 개의 공식과 수학 방정식으로 재
창조할 수 있다. 그리고 수학적 방법론의 기본인 재창조
는 시의 깊은 본질에서도 나타난다. 시의 어원(그리스어
로 $\pi o i \eta \sigma \iota \varsigma$)에는 창조의 의미가 들어 있다.

　이와 관련해서, 나는 강연을 할 때 종종 유명한 시 한
편에 빗대어 이 이야기를 풀어내곤 한다. 그 시는 앨프리
드 테니슨의 〈샬롯의 숙녀〉다. 테니슨은 이 작품에서 아
서 왕이 활약하던 시대의 전설을 노래했다. 샬롯이라는

숙녀는 저주를 받아 맨눈으로 세상을 보지 못하고 항상 거울을 통해서만 보아야 했다. 어느 날, 탄성이 나올 정도로 잘생긴 랜슬럿이 나타났고, 샬롯은 한눈에 그에게 반했다. 그녀는 랜슬럿을 직접 보고 싶어 했고, 결국 죽음을 맞이했다. 이 비극적인 시는 수많은 해석과 의문을 낳았다. 시인이 정말 하고 싶었던 말은 무엇이었을까? 나는 그것이 세상을 직접적으로 가늠하지 못하는 수학자의 비유라고 생각하기를 좋아한다(아무튼 저자가 의도를 설명하지 않은 바에야 독자는 자유롭게 시에 대한 해석을 할 수 있는 것이니까). 실험으로 그것이 가능한 물리학자와는 달리, 수학자는 거울에 반사된 모습, 즉 방정식을 통해서만 수학의 세계를 연구할 수 있다.

6

단어의 형태

시는 언어, 단어, 형태에 매우 중요한 의미를 부여한다. 그것들이 독자에게 일으키는 인상, 즉 연상의 힘 때문이다. 언어가 중요한 역할을 하는 과학이 있다면 그것은 아마 수학일 것이다. 수학은 언어이고, 더 나아가 정밀과학[22]의 탁월한 언어이다. 물리학자는 수학자만큼 엄격하지 않더라도 발견한 사실을 알리고 설명하는 데 수학자들의 형식을 사용한다.

수학은 온갖 분야에서 사용되어 보편 언어가 된 것이다. 현재 통용되는 얼마 되지 않는 만국어인 셈이다. 어떤 의미에서는 음악보다 더 강한 만국어이다. 세상 사람 모두가 음악을 좋아한다 해도 음악의 규범은 문화권에 따라 천차만별이다. 반면에 수학의 규범은 어디서나 같고, 다르더라도 그 차이가 크지 않다. 수학은 무엇을 표현했는지 정확히 알 수 있고 상징이 지극히 중요한 역할을 하는 언어이다. 일반적인 생각과는 달리 유효성을 검증할 때뿐 아니라 생각과 인상을 전달하는 데도 수학은 보편적인 수단이 된다. 수학자들은 정확한 생각의 전달을 위해서도 상징을 사용한다.[23] 예를 들어 내가 '엡실론'이라고 말하면 그것을 듣는 사람은 그리스 문자를 떠올릴 것이다. 내가 어떤 수를 가리켜 '엡실론'이라고 말하면 상대방은 '작은 수'라고 생각할 것이다. 전문가이든 일반인이든 엡실론이 아주 작은 수라는 것을 알고 있고, 일부러 작은 수를 택할 가능성이 큰 추론에서 이 엡실론이 사용되리라는 것을 알고 있다. 어떤 분야이든 모두가 알고 있는 약속이 있다. 수학에서 $f(x)$는 함수(변수인 x에 따라 계산되는)이고, M은 다양체이다. 수많은 약속은 결국 의미를 전달한다. 시의 언어가 메시지와 맥락, 의미장을 전달하듯이.

7

선견지명

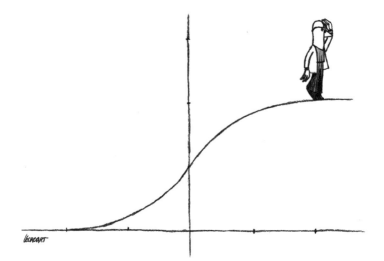

수학자는 무엇보다 창의력이 있는 사람, 창조하는 사람이다. 보통의 수학자에 비해 한층 더 탁월한 수학자는 창조하고, 이해하고, 재정리하며, 현상을 새로운 각도에서 보는 사람이다. 시인이 평범한 것에서 특별한 무언가를 보고 그것을 우리에게 이미지와 말로 설명하듯이 말이다. 수많은 예가 있지만 그중 하나를 들자면(그 내용이 무엇인지 이해하지 못해도 상관없다), 루마니아의 수학자 단-비르질 보이쿨레스쿠가 섀넌-스탬 부등식(정보 이론에서 유명하다)을 브룬-민코프스키 부등식(기하학적 해석학에서는 고전으로 통한다)[24]을 이용해서 훌륭하게 증명해 보임으로써 섀넌-스탬 부등식을 새롭게 조명했다. 이는 우리가 친숙하다고 생각했던 대상의 의미에 대해 아주 오래 생각해보게 한다. 그로텐디크[25]의 리만-로흐 정리에 대한 놀라운 증명도 수학자들이 이 정리에 대해 생각했던 방식을 완전히 뒤흔들어놓았다.[26] 천재성이란 사람들이 보지 못하는 대상에 도달해서 그 존재를 밝히는 것이라고들 한다.

그것은 때로는 사람들을 감탄하게 만드는 결론이 되고, 또 때로는 도구가 된다. 그로모프[27]는 삼각 부등식처럼 아주 기본적인 도구를 기발하게 사용해서 동료 기하학자들을 아연실색하게 했다. 그들이 놀란 것은 비할 데 없는 창의력 때문이었다.

이러한 성취를 하려면 수학자는 물론 공부를 해야 한다. 그러나 그에게는 영감도 필요하다. 영감이 없다면 앞으로 더 나아가지 못하기 때문이다. 시인도 마찬가지일 것이다. "시인의 영혼을 가지지 않는다면 수학자가 될 수 없다"라고 위대한 수학자 소피야 코발렙스카야가 말하지 않았던가?[28] 영감은 관찰, 새로운 개념, 새로운 논문, 계산 등 그 무엇으로부터도 받을 수 있다. 바로 그 영감이 때로는 수학자들에게 경탄과 두려움이 뒤섞인 현기증을 느끼게 한다(그 사람은 도대체 어떻게 이런 걸 생각해냈지?)

경제학자이자 수학자인 존 내시를 보자. 통계학자라면 엔트로피를 모르는 사람이 없다. 하지만 존 내시처럼 엔트로피를 다르게 해석해서 소산 방정식(dissipative equations)을 연구하고 정칙성(regularity)에 대한 뜻밖의 정보를 얻은 사람은 없었다. 그 이후에 그리고리 페렐만은 정교한 해석학적 제어 도구로써 엔트로피를 이용해서 푸앵카레 추측을 풀었다. 존 내시와 그리고리 페렐만 모두 엔트로피를 기존과는 다른 각도에서 볼 줄 알았다. 최근 몇십 년 동안 배출된 가장 위대한 수학자들은 그런 능력을 공통으로 지니고 있고, 그 능력 덕분에 수학의 대모험은 반전이 가득 찬 추리소설이 될 수 있다.

놀랍게도 수학적 관점의 아름다움, 생각지도 못한 측면이 다른 사람들에게 그 관점의 합당성을 설득할 수 있는 근거가 되기도 한다. 푸앵카레 추측을 다시 살펴보자. 푸앵카레 추측은 20세기 전체를 관통하고 100년 가까이 증명되지 못했던, 위상기하학의 유명한 추측이다.[29] 그러던 1970년대 중반의 어느 날 윌리엄 서스턴[30]이 무대에 등장했다. 선견지명이 있는 기하학자였던 그는 푸앵카레 추측을 증명하는 데는 실패했지만, 만약 푸앵카레 추측이 증명된다면 수학의 웅장한 풍경을 그려낼 것이고, 큰 영향력을 발휘할 것이라는 사실을 보여주었다. 마치 분류학자가 새로운 동물종을 보여주며 "이것은 어떤 속(屬)에 속하는 종입니다. 이 동물을 보면 그 속이 어떤 특징을 갖는지 알 수 있습니다. 앞으로 다른 생물종들이 나타날 것입니다"라고 말하는 것과 같다. 그 관점이 아름답고 조화롭다면, 그리고 그것이 우리를 꿈꾸게 한다면, 우리는 그 관점에 동조할 것이다. 그것은 너무 아름다워서 사실이어야만 한다. 서스턴에게도 그런 일이 일어났다. 그가 나타나기 전까지 사람들은 푸앵카레 추측을 믿어야 할지 잘 몰랐다. 하지만 서스턴은 푸앵카레 추측이 너무 아름다워서 믿을 수밖에 없는 수학의 잠재적 풍경에 속한다는 것을 증명했다. 서스턴은 푸앵카레 추측을 재해석하기도 했지만 새로운 세상을 출현시켜서 그것을 사람들에게 보여주기도 했다. 그런 의미에서 그는 시인이라고 할 수 있다.

게다가 시라는 단어는 과학자들이 감탄의 의미로 사용하는 것이다. 당대의 가장 위대한 물리학자였던 켈빈 경은 선배인 푸리에의 이론을 가리켜 '수학시'라고 말하기도 했다.

창작의 열정, 백지에 대한 불안, 창의적 에너지의 도래, 직감의 역할, 경이로움의 역할 등을 언급하며 수학자의 창조와 시인의 창조를 계속 비교해나갈 수 있을 것이다. 푸앵카레는 부모가 자녀를 교육할 때 가장 중요하게 여겨야 할 능력은 아이들이 자연을 경이의 눈으로 바라보게 하는 것이라고 말했다. 수학자가 지녀야 할 가장 소중한 능력은 수학 문제에 열정을 갖는 것, 수학의 아름다움에 감탄하는 것이리라.

이 꼭지를 문체(style)의 개념으로 마무리하겠다. 문체는 시인을 포함한 예술가에게 매우 중요한 문제이지만 수학자에게도 그렇다. 문제에 접근하는 방식, 문제를 쓰고 푸는 방식과 관련이 있기 때문이다. 그로텐디크는 〈추수와 파종〉에서 수학 문제를 푸는 자신의 스타일을 호두가 저절로 벌어지도록 연화제에 담그는 방법에 비교하는 아름다운 글을 썼다.[31] 푸앵카레의 어수선함, 르네 톰[32]의 알쏭달쏭한 간결함, 장 부르갱[33]의 기술적 과용, 조지프 두브[34]의 명징함은 다른 개성들과 함께 수학자들 사이에서 많이 거론되었다. 젊은 라르스 회르만데르[35]의 밝고 자유분방한 문체는 나이 든 그의 엄격한 문체와는 공통점을 찾아볼 수 없다. 나도 수학자로 살면서 동료들의 영향을 받아 그들의 스타일을 종합하게 되었다. 여러 사람에게 영감을 받아 자신만의 스타일을 만들어내는 예술가처럼 말이다. 그것은 어느 정도 선배들과 다른 방향으로 가면서도 항상 그들에게서 영감을 얻으면서 형성된다. 내 스타일도 그들 덕분에 특별한 노력 없이 진화했다.[36]

8

푸앵카레와 옴니버스 여행

영감은 어떻게 오는 것일까? 거기에 규칙은 없다. 영감은 주로 긴 시간 치열하게 연구하다 보면 갑자기 찾아온다. 그런 점에서 수학자와 시인이 크게 다르지 않다고 생각한다. 나는 『살아 있는 정리』에서 갑작스럽게 찾아온 영감을 언급한 적이 있다. 그 영감은 도무지 어디에서 온 것인지 알 수 없을 때도 있었고, 확실하게 알 수 있는 절차를 거쳐 올 때도 있었으며, 겉보기에는 평범했던 분위기나 행동으로 촉발될 때도 있었다.

이 주제에 관해서는 앙리 푸앵카레의 유명한 창의성에 관한 글을 읽어보기를 바란다. 이 글에서 푸앵카레는 수학적 상황을 기술할 때 무의식의 메커니즘과 유추가

하는 역할, 서로 관련이 없어 보이는 요소들의 관계, 새로운 관점의 역할, 외부에서 받는 영감이 하는 역할을 다루었다. 선배들의 발견에서 얻는 영감뿐 아니라 주변 환경, 시, 음악 등에서 얻는 영감도 포함된다.

∨

독자 여러분,

책을 넘겨 위에서 세드리크 빌라니가 말한 앙리 푸앵카레의 글을 읽어보시기 바랍니다. 마음이 급한 분은 핵심을 담고 있는 109~113쪽만 읽어도 무방합니다. 커피잔, 발판, 캉 근교에 있는 절벽이 등장하는 유명한 부분입니다. 호기심이 많은 분이라면 위대한 수학자의 아름다운 산문을 만끽하기 위해 전체(99~125쪽)를 읽으십시오.

편집인

∨

푸앵카레의 이 글은 위대한 수학자가 문제를 풀 때 머릿속에서 일어나는 일을 가장 잘 묘사하고 있다. 그가 별

다른 설명 없이 전문용어를 썼다는 점은 유념하길 바란다. 사실 과학자나 수학자의 연구 방식을 알릴 때는 독자의 집중력이 다른 요소 때문에 흐트러져서는 안 된다. 어려운 함수를 이해하려고 애쓰느라 아메리카노를 음미하거나 옴니버스(승합마차)[37]를 타고 천천히 즐기는 여행에는 신경을 쓰지 못할 것이다. 사실 푸앵카레는 독자가 옴니버스 여행과 같은 상황에 더 집중하기를 바랐다.

또한 과학자가 연구할 때 나타나는 교차 현상도 알아두라. 연구를 할 때에는 체계적이고 의식적인 탐구를 하는 시기와 어떤 방향으로 갈지 알려주는, 크고 작은 섬광처럼 아이디어들이 나타나는 때가 반복된다. 이 무의식적인 메커니즘은 무엇으로나 시작될 수 있다. 나이 어린 독자라면 이 말을 잘 기억해두기를 바란다. 앞으로 매우 유용할 테니 말이다. 내일 당장 제출해야 할 어려운 수학 과제가 있는데 친구들과 놀기로 약속했다면 밖에서 영감을 좀 얻어와야겠다고 부모님에게 말하고 나가 놀 수 있다. 푸앵카레가 이런 걸 참 잘했다.

9

핑퐁

푸앵카레의 글에서 유추의 역할도 살펴보자. 그가 자신의 연구를 보루 병력, 전진 보루, 함락 등 군대 기록에서 가져온 이미지로 비교한 방식에는 시적인 요소가 있다. 푸앵카레는 자신을 체스판의 말을 옮기는 장군으로 묘사했다. 대중을 위한 글을 쓸 때는 사람들이 잘 아는 이미지를 고수하는 것이 좋다.

다음의 글에서 나는 젊었을 때 열심히 했던 운동인 탁구를 유추의 수단으로 사용했다. 과학자에게 상호작용이 얼마나 중요한지를 설명하기 위해서였다. 매일 동료들과 의견을 나눌 때도 중요하고, 학술대회나 세미나에 참석할 때도 중요하다. 그것은 수학자들이 함께 참여하는 일종의 거대한 시합과도 같다.

앞면은 붉고 뒷면은 검으며, 탁구 선수들에게는 친숙한 나비 장식이 있는 내 라켓은 열띤 경기를 수천 번 치르면서 나의 자부심이자 충실한 동반자가 되었다. 약 20년 전의 나는 상대를 이기고 싶다는 마음도, 그럴 시간도 없었던 적이 있다. 그래서 라켓을 상자에 담아 정리해두었다. 그러나 공이 물수제비 뜬 듯 튀는 서비스, 큰 곡선을 그리며 낙하하는 톱스핀, 신경질적인 블로킹, 긴장감 넘치는 푸시, 무심한 플립, 스매시와 리시브가 나의 머릿속에서 춤을 추곤 했다. 마그누스 효과에 의해 탁구공이 아름답게 비틀린 경로를 그리면 나는 다른 시합, 그러니까 과학자들이 서로에게 패스하는 이론과 정리들의 굽이치는 경로들에 몰두했다. 아주 오래전에 시작된 이 대규모 합동 탁구 대회에서 과학자들은 공을 채찍질하고, 쓰다듬고, 후려치면서 서로에게 패스한다.[38]

그것은 수학의 여러 분야뿐 아니라 대규모 단체 탁

구 시합에 참여한 수학자들 사이에서 벌어지는 탁구이다. 이 유추를 더 길게 발전시킬 수 있을 것이다. 그런데 이 탁구에 관한 설명에 슬며시 끼어든 전문용어가 눈에 띄었는가? '마그누스 효과'. 물리학에서 마그누스 효과란 회전하는 공이 휘어진 경로로 이동하는 현상을 설명할 때 쓰는 용어이다. 이 효과 덕분에 드라이브가 가능한 것이다. 공은 전진하는 방향과 같은 방향으로 회전하기 때문에 깊게 떨어진다. 그래서 공을 아주 강하게 쳐서 보내도 코트나 테이블 안에 떨어지는 것이다. 반대로 짧고 강하게 친 공은 공중에 뜨거나 낮게 리바운드될 가능성이 높다. 상대방을 힘들게 하는 공은 더 약하게 친 공이다. 이런 공은 가해진 제약을 쉽게 극복한다. 골프에서든 탁구나 테니스에서든 마그누스 효과는 매우 중요하고 경기의 모든 측면에 영향을 준다. 축구에서도 그렇지만 그 정도는 더 약하다. 직접 프리킥을 찰 때 나오는 휘어진 곡선이 바로 마그누스 효과 때문이다. 선수 대부분(아마도 99.9퍼센트?)은 마그누스 효과가 무엇인지도 모르고 그것을 이용하는 법을 배우지만.

10

불완전함에 대한 찬가

과학적 개념이나 주제를 논할 때는 이야기를 활용하라. 나는 이 세상에서 사람의 관심을 끌 수 있는 보편적인 방법은 딱 두 가지라고 생각한다. 바로 게임과 이야기다.

수학에 관해 이야기할 때는 수학이 걸어온 길에서 출발할 수 있다. 예를 들어 지구의 나이를 논할 때 수백 년에 걸쳐 지구에 대한 인간의 지식이 어떻게 발전했는지, 관련 이론들은 어떻게 정교하게 다듬어졌는지, 또 어떤 중요한 논쟁들이 있었는지(다윈 vs. 켈빈)를 이야기할 수 있고, 우리가 어떻게 보기 좋게 틀렸는지, 지질학에서 대단한 발전을 이룰 기회를 어떻게 놓쳐왔는지 말할 수 있다. 이는 서사적 연결 고리가 서로 다른 개념들이 어떤

연관성을 가지는지를 드러내 보여줄 것이다. 나는 강연을 할 때 이 방법을 자주 사용한다.[39]

주제를 정해놓고 이야기를 하는 것은 훌륭한 문체 연습이 될 수 있다. 나는 2012년에 밀라노에서 열린 문화 축제 '라 밀라네지아나'에서 이 연습을 했다. 과학자들은 영화, 문학, 과학이 한자리에서 만나는 이 행사에 초대되어 특정 주제에 관하여 시적인 글을 발표한다.[40] 청중에게 자신의 학문 분야를 소개하면서 감흥과 감동을 줄 수 있는 기회이다. 내가 받았던 주제는 '불완전함'이었다. 그때 나눈 〈불완전함에 대한 찬가〉를 소개하며 결론으로 나아가보려 한다. 이 글에서 창조, 제약, 아름다움, 위대한 앙리 푸앵카레 등 지금까지 언급된 주제들을 다시 만날 수 있을 것이다.

〰

프랑스인뿐 아니라 그 누구나 인정하는, '프랑스와 전 세계를 통틀어 가장 위대한 수학자'였던 앙리 푸앵카레가 세상과 이별한 지도 어언 100년이 지났습니다.

차분하고 살찐 부르주아에 근시가 심했던 푸앵카레는 강력한 지성으로 미래의 인류를 꿈꾸게 한 인물입니다. 그는 위대한 수학자이기도 했지만 위대한 물리학자, 천문학자, 엔지니어, 철학자이기도 했습니다. 한마디로, 그는 다재다능한 위인이었습니다. 사람들은 말년의 그에게 마치 신탁을 구하듯 모든 주제에 대한 그의 의견을 구했습니다. 그는 약하면서도 귀중한 인간의 사고가 갖는 힘과 유일무이함의 상징입니다. 이 주제에 대해 그는 감탄을 자아내는 글을 쓰기도 했습니다.

사고는 긴 밤에 빈뜩이는 번개에 불과하다. 하지만 그 번개가 내는 섬광이 전부다.[41]

푸앵카레는 모든 것에 관심을 가졌고, 모든 것을 배웠고, 수학과 물리학의 이론들을 변혁시켰으며 모든 것을 크게 보았습니다. 그런 만큼 그가 큰 실수도 많이 했다는 것은 놀라운 일이 아닙니다. 실수를 하지 않는 사람은 죽은 사람밖에 없지 않습니까? 푸앵카레는 틀릴 가치도 없는, 신중하고 따분한 주장에 갇혀 있기를 바란 사람이 아니었습니다.

그의 가장 유명한 실수는 오랫동안 과학의 전설로 빛날 것입니다. 그는 삼체문제[42]를 연구할 때 이 실수를 저질렀습니다. 왜 삼체문제냐고요? 뉴턴 이후 이체문제는 풀렸지만 삼체, 사체 등 다체문제는 풀리지 않았기 때문입니다. 우주에 지구와 태양이라는 두 개의 물체만 있다고 칩시다. 그리고 뉴턴의 방정식으로 지구와 태양의 움직임을 계산합시다. 답은 금방 나옵니다. 지구는 태양 주위로 멋진 타원 궤도를 그리며 돕니다. 이 간단하면서도 우아한 궤도는 이미 수천 년 전에 그리스 수학자들이 발견했습니다. 지구가 회전한다는 사실을 알기 훨씬 전이지요. 그리고 이를 다시 발견한 사람은 독일의 천문학자 요하네스 케플러입니다. 뉴턴이 만유인력을 발견하기 전이었지요.

이처럼 지구와 태양만 있을 때는 무한대로 반복되는 아름답고 안정적인 타원 궤도를 얻을 수 있습니다. 하지만 다른 천체를 고려한다면 무슨 일이 벌어질까요? 지구가 태양이 끌어당기는 힘을 받고 있다면 목성과 화성, 또 그보다 더 먼 행성들이 끌어당기는 힘도 받지 않을까요? 물론 그 힘은 태양의 엄청난 힘에 비해 약할 것입니다. 하지만 그 행성들이 균형을 깨지 않을까요? 지구는 영원히 태양 주위를 돌까요? 아니면 언젠가 다른 행성과 충돌할까요? 이처럼 제3의 물체가 발휘하는 영향력을 고려하면 우리는 무슨 일이 벌어질지 모릅니다. 태양계에는 행성이 10여 개가 있으니 더 심각하지요. 하지만 먼저 세 개의 물체만 가지고 답을 찾아봅시다. 그 답은 안정일까요? 아니면 불안정일까요?

앙리 푸앵카레는 서른다섯 살에 오스카르 2세가 수여하는 수학상을 받기 위해 삼체문제를 연구했습니다. 그때는 다소 간략한 버전이었지요. 주변 세계를 관찰해서 그 세계를 구성하는 법칙을 알아내는 것을 그 무엇보다 좋아했던 그는 삼체문제에 열광했습니다. 삼체문제는 그가 자신의 한계를 초월할 수 있게 해준 대상이었습니다. 심사위원들은 독창적인 이름의 새로운 아이디어가 가득한 원고를 보고 매우 우아하게 안정성을 증명해 보였다고 평가했습니다. 비록 무기명으로 쓰인 글이었지만 젊은 프랑스 수학자의 문체를 어렵지 않게 알아보았으며, 결국 푸앵카레가 손쉽게 상을 거머쥐었지요.

하지만 그의 글이 완벽한 것은 아니었습니다. 오히려 완벽과는 거리가 멀었습니다. 그의 증명에는 모호하고 부정확한 부분이 많았습니다. 하지만 그것은 놀라운 일이 아니었어요. 천재적인 수학자 푸앵카레가 명징함의 모델이 될 만한 인물은 아니라는 사실을 모르는 사람이 없었기 때문입니다. 그의 글에는 생략이 많고, 근거 없는 주장, 논리의 흐름을 깨는 딴소리가 자주 등장합니다. 이 모든 특징은 푸앵카레의 독자들에게 이미 친숙하지요. 그의 글에는 아이디어가 들끓지만 그 아이디어를 검증하는 일은 쉽지 않습니다. 푸앵카레의 원고를 출간하는 일을 맡았던 젊고 유능한 에드바르 프라그멘이 만든 주석 목록이 어지간히 길었지만 그에 놀라는 사람은 없었습니다.

푸앵카레는 능력이 닿는 대로, 더 이상 문제되는 것이 없다고 자신할 때까지 원고를 고쳤습니다. 결과물은 완성도 높고 나무랄 데 없는 건축물이었지요.

그런데 프라그멘이 발견한 균열 중 하나에 푸앵카레는 괴로워하기 시작했습니다. 그 정도는 약간 심했습니다. 어느 날 푸앵카레는 모든 것이 틀렸다고 인정할 수밖에 없었습니다. 균열은 커다란 구멍이 될 때까지 커졌고 그가 구축한 정리 전체를 무너뜨릴 수밖에 없었습니다.

하지만 푸앵카레는 이미 상도 받았고 명예와 부도 얻었습니다. 그의 논문은 이미 발표되었고, 사람들은 그를 축하했습니다. 젊은 수학자가 견디기에 얼마나 큰 부담이었을까요? 이 끔찍한 증거를 어떻게 해야 할까요?

무엇보다 실수가 퍼지는 일을 막아야 했습니다. 출판사는 발표된 논문을 모두 회수할 수 있었습니다. 인터넷이 없었으니 천만다행이었지요. 논문을 모두 회수해서 파기하는 일이 가능했으니까요. 이 사건은 푸앵카레에게 큰 대가를 치르게 했지만 그의 명성에는 영향이 없었습니다. 그래서 다시 뛰어난 뇌를 가동할 수 있었어요.

정말 믿어지지 않는 것은 푸앵카레가 이 모든 것을 만회했다는 사실입니다. 물론 큰 차이가 있었던 것은 사실이에요. 결론이 아예 바뀌었고, 몹시 어려운 문제를 건드려서 시계처럼 완벽하고 정확한 방정식으로 만들어진 아름다운 우주에서 어떻게 불안정성이 나타날 수 있는지 발견했지요.

가장 정확한 스위스 시계보다 더 정확한 방정식이지만 초기 조건에 워낙 민감해서 최종적 예측이 단 한 톨의 먼지나 나비의 단 한 번의 날갯짓으로 바뀔 수 있는 것이었습니다. 또 다른 프랑스 수학자인 자크 아다마르[43]가 푸앵카레의 이론을 뒷받침했습니다. 케플러의 완벽함이 많은 가능성을 담은, 눈부신 불완전함에 자리를 내주었습니다. 크리스토퍼 콜럼버스가 부주의로 아메리카 대륙에 닿았던 것처럼, 푸앵카레도 새로운 과학의 대륙에 도착했던 것입니다. 그 세계는 불완전하고 혼란스러워서 아무리 결정론적인 법칙이라도 예측할 수 없는 행동을 초래하는 세계입니다. 그 행동들은 오직 통계로만 파악될 뿐입니다.

당신은 나에게 앞으로 일어날 현상들을 예측하라고 합니

다. 만약 내가 그 현상들을 지배하는 법칙을 불행히도 알고 있다면, 나는 풀 수 없는 계산법으로 그 현상에 닿을 수밖에 없어서 아마 답 찾기를 포기할 것입니다. 다행히 그 법칙을 모르기 때문에 지금 바로 답을 해드리지요. 여기에서 더 놀라운 것은 내 답이 옳다는 사실입니다.[44]

그는 위대한 발견을 한 것입니다. 그것이 아름다운 이유는 그가 엄청난 실수를 거쳤기 때문입니다. 지금 와서 보면 그 실수는 그리 심각하지도 않아 보입니다. 다만 지워지지 않는 몽고반점처럼 남아 있을 뿐이지요. 결정론적 카오스 이론에 매력을 더해주는 결함이라고나 할까요. 마치 카프카의 『심판』에 나오는 소녀의 합지증이 소녀의 아름다움을 부각하는 것처럼 말입니다.

푸앵카레는 급회전을 한 셈이지만 그렇다고 뉴턴의 기본 법칙들을 문제 삼지는 않았습니다. 아마도 가장 중요한 본질은 그대로 보존된 것 같습니다.

푸앵카레의 아름다운 방황이 끝나고 10년이 지났을 때, 과학자들은 물리학의 법칙이 모두 밝혀졌다고 좋아했습니다. 그때는 세기가 바뀌는 때였지요. 인류는 처음으로 역학, 천문학, 전자기장, 유체, 파동 등 모든 것을 설명해주는 일관된 이론들을 손에 넣었습니다.

솔직히 말하면 설명되지 않은 것이 한두 개 있습니다. 예를 들어 마이컬슨 실험이나 흑체의 복사 등 거대한 다이아몬드에 난 한두 개의 흠집 같은 까다로운 문제입니다. 우리가 다이아몬드를 잘 다듬을 수 있도록 노력해야겠지요.

하지만 작은 불순물들이 빛에 의해 드러나면 그 비중이 걷잡을 수 없이 커지면서 세공사가 손을 쓸 수 없는 상태가 됩니다. 논쟁이 부풀어 오르면서 곧이어 자외선 파탄이 등장했습니다. 그것은 이론물리학에서 세 번의 혁명—원소의 방사성 변환, 상대성이론, 양자역학—을 일으킨 대변화였습니다. 빛, 에너지, 물질—사실 믿기 힘든 동의어가 되었습니다—을 다른 빛으로 빛나게 했던 이 새로운 분야들을 탐구하는 데 30년이 걸렸습니다.

니체가 이렇게 말했지요. 자신 안에 혼돈(chaos, 카오스)이 있어야 춤추는 별을 낳을 수 있다고요.[45] 푸앵카레는 뉴턴 물리학이 여전히 카오스를 담고 있다는 것을 보여주었습니다. 뉴턴의 결정론적 물리학이 예측 불가능성을 낳았습니다. 완벽이라는 가면을 쓴 20세기 초의 기초 물리학은 꽤 많은 카오스를 가지고 있어서 세 개의 춤추는 별을 낳았지요.

춤추는 별이라니……. 아름다운 표현입니다. 무언가 반짝이고 완벽한 것을 떠올리게 되지 않나요? 천구들의 음악에 맞춰 춤추는 아름답고 완벽한 별.

하지만 별은 혼란과 불안정이 지배하는 거대한 난장판입니다. 가스는 균일한 방식으로 조직을 이루고, 사방으로 조화롭고 일정하게 확산된다는 사실에 대해 생각해본 적이 있나요? 반면에 별은 불규칙적이고 거대한 빈 공간을 사이에 두고 떨어져 있는 '클러스터'로 응축되기를 좋아합니다. 그래서 별들은 은하를 이루고, 은하는 은하군을, 은하군은 초은하단을 이룹니다. 별들이 연주하는 악보는 조화롭지도, 규칙적이지도 않습니다. 그 악보에는 엉겨 붙은 덩어리가 가득하고 불규칙합니다. 우리는 이상한 별의 춤곡을 만든 작곡가는 모르지만 지휘자는 알고 있습니다. 뉴턴의 방정식과 이 방정식의 통계 버전이라고 할 수 있는 블라소프 방정식 말입니다. 이 두 방정식 안에서 우리는 천체의 성질을 추적합니다. 수학적 분석은 우리에게 불규칙한 행동에 대한 열쇠를 던져줍니다. 균일한 물질이 긴 파장을 만나면 안정되지 못하게 만드는 진스 불안정성이지요. 법칙으로 만들어진 불완전함처럼 불안정성은 수학적 클리나멘이라 할 수 있고, 거기에서 모는 우주의 구조가 탄생합니다.

음악은 별들의 운동보다 더 완벽하지 않습니다. 물론 음악은 수학적 예술로 출발했습니다. 피타고라스 이후, 아니 어쩌면 그보다 이전에 음악은 진동수의 관계를 바탕으로 만들어졌습니다. 1초에 440번 진동하면 '라'가 들리고, 진동수를 두 배로 늘리면 그보다 한 음계 높은 '라'가 들립니다. 그렇게 두 배씩 늘리면 한 음계씩 더 높아집니다. 그리고 세 배로 늘리면 한 옥타브와 5도가 높아진 '미'가 들립니다. 이처럼 2와 3의 인수만 가지고 음계와 음계, 5도와 5도 사이를 여행할 수 있습니다.

적어도 우리는 그렇게 하고 싶습니다. 하지만 아무리

노력해도 완벽한 음계를 만들어내는 것은 불가능합니다. 2의 거듭제곱은 절대 3의 거듭제곱과 같아질 수 없기 때문입니다. 결국 음계를 구축하려면 속임수를 써야 합니다. 불완전을 구성 요소로 삼아야 합니다. 자연스러운 대칭을 깨줄 작은 간격인 피타고라스 콤마를 정하거나 정확한 음의 배열을 흩트리고 비합리적인 요소를 집어넣는 것입니다. 그렇게 되면 본질적으로 불완전한 음악이 탄생합니다. 하지만 매우 풍요롭고, 친숙하며, 가능성으로 가득한 음악일 것입니다.

아무튼 우리는 불완전함에 익숙합니다. 우리는 불완전함에 젖어 있는, 불완전함의 후손이지요. 우리의 모든 것은 불완전함에 의해 이루어졌습니다. 불완전한 생식이 생물종의 진화를 가능하게 한 것입니다. 아마도 세균의 출현 이후 수억 번의 변이가 이루어지면서 현재의 인간이 만들어진 것일 테니까요. 인구수도 워낙 많고 유전자의 잘못된 전사와 전달의 오류도 많아서 우리는 지금의 우리가 되었을 것입니다. 반항적인 프랑스 가수 마마 베아가 노래하듯이 "우리는 잘못된 방정식의 결과물"이지요. 얼마나 다행입니까! 규범적이기도 하고 유익하기도 한 불완전함이야말로 우리의 힘입니다. 우리가 하나같이 완벽하다면 살아남지 못했을 것입니다. 우리 유전자의 가변성이야말로 생물계의 변화무쌍한 위협에 대처할 수 있는 가장 큰 장점이지요. 그리고 그 덕분에 그토록 훌륭한 유전자의 혼합이 이루어지는 것입니다.

불완전함은 우리가 하는 모든 일에서도 나타납니다. 언어의 놀라운 다양성은 수많은 발화 오류, 철자와 문법 오류, 왜곡, 잘못된 발음, 수준 높은 이탈리아어로 굳어진 수준 낮은 라틴어, 강한 억양의 침공을 받은 지방어, 우리의 바벨탑으로 우뚝 선 수십만 개의 오류 이야기가 낳은 결과물이지요.

당연한 일이지만 불완전함은 점점 더 거대해지는 컴퓨터 프로그램에도 모두 내재되어 있습니다. 이 세상의 버그를 전부 없앨 사람은 아무도 없을 테니까요.

초기 설계의 오류를 벗어날 수 없는 기술적 성과물도 마찬가지입니다. 이는 기술이 아무리 진보해도 바꿀 수 없는 사실입니다. 키보드의 자판이 말도 안 되게 비효율적인 순서로 정렬되어 있는 것처럼 말이지요. 아마 이것은 영영 바뀌지 않을지도 모릅니다.

그러나 사고는 완벽하지 않나요? 우리가 자랑스러워 마지않는 번뜩이는 사고 말입니다. 하지만 이건 웃기는 소리입니다. 인간의 사고는 그야말로 혼란스럽습니다. 형식과 논리가 완벽한 수학적 추론을 발명한 것도 아주 큰 노력의 결과물이었지요. 그것이 사고의 초기 상태는 아니었습니다. 푸앵카레는 그의 가장 훌륭한 발견 중 일부를 분석하면서 이를 잘 설명했습니다. 아이디어들의 즉흥적이고 이해할 수 없는 결합은 의식적인 사고 이후에 일어나며 그의 물리학 이론처럼 예측할 수 없는 혼돈 속에서 이어진다는 것입니다.

"실수가 그를 우연히 진리로 이끌었다"라고 볼테르가 케플러에 관해 쓰지 않았던가요.[46] 푸앵카레에 대해서도 똑같이 말할 수 있지 않을까요. 앤드루 와일스[47]나 다른 많은 수학자에 대해서도 말입니다. 물론 연구와 상상력의 결합이 갖는 중요성을 무시할 수는 없습니다. 그 안에 오류가 들어 있기 때문입니다. 케플러의 경우 그러한 결합은 말도 안 되는 신비로운 꿈 덕분에 더 풍요로워졌습니다. 볼테르는 케플러를 용서하라며 "기하학에 의존해야 하고 혼자 걸으려고 하면 넘어지는 사람이 있다"라고 말했습니다. 하지만 수학자들은 오히려 비합리적인 것, 가장 엉뚱한 원천에서 얻은 직감에 의지해야 하지 않을까요?

그 원인이 무엇이든지 간에, 최고의 수학자들은 오류의 공격 대상입니다. 푸앵카레가 좋은 예지요. 그들은 때로 서로 상쇄되는 두 개의 오류에 한꺼번에 덜미를 잡히기도 합니다. 갈릴레이가 포탄의 탄도를 기술할 때 그랬지요. 또 때로는 서로 강화하는 세 개의 오류에 부딪히기도 합니다. 켈빈 경이 지구의 나이를 계산할 때 그랬고요. 이러한 사례와 반례는 오류가 길 위에서 만나는 유일한 장애물이 아님을 증명하며 무한대로 늘어납니다. 오류도 여정의 일부분입니다.

그것은 전혀 비극적인 일이 아닙니다. 인간의 사고는 언어나 생물학과 마찬가지로 실수가 일어날 수 있는 영역입니다. 그 오류에서 뜻밖의 결과물과 때로는 최고의 결과물이 탄생할 것입니다.

건설적인 깨달음의 또 다른 상징인 위대한 존 내시에게서 오류를 찾아봅시다. 그는 10년 동안 세 개의 정리를 가지고 수학 분석의 혁명을 불러왔고 청년 시절의 연구로 노벨상을 받았습니다.[48]

그의 거만함이 거슬렸던 동료가 그에게 낸 문제를 맞히기 위해 등거리 매장 정리를 증명하려 했을 때 내시는 뭔가 중요한 일을 하고 있다는 것을 인식했습니다.[49] 그래서 그는 동료들에게 믿을 수 없을 정도로 복잡한 원고를 내밀면서도 아주 많이 자랑스러워했지요. 혼돈의 작업 과정을 거쳐 탄생한 그의 원고는 주요 아이디어들이 겨우 표면에서 부유하는 마그마이자 날것 그대로의 증명이어서 훗날 그의 동료 허버트 페더러가 끝없는 고통을 대가로 치르고 정리해야 했습니다.[50]

내시의 해는 얼마나 난해했는지 모릅니다. 그런데 사실 다른 길도 있었습니다. 30년 뒤에 독일의 수학자 마티아스 귄터가 아주 간단하고 우아하면서도 완벽한 해를 구했으니까요.

하지만 내시가 이 완벽한 해를 보지 못한 게 다행이었습니다. 수없이 다루어지고 간략해진, 그리고 부분적으로 틀린 그의 마그마에서 가장 강력한 비선형 섭동 분석법인 내시-모저 정리가 탄생했으니까요. 이 정리의 중요성은 등거리 매장의 범위를 크게 뛰어넘는 것입니다. 앞으로 수백 년 동안 학생들에게 계속해서 가르칠 보편적인 방법이니까요.

그렇습니다. 위대한 진보는 불완전함에서 나옵니다.

가수이자 시인이었던 파브리치오 데 안드레는 영감의 우아함에 감명을 받아 이렇게 노래했지요.

Dai diamanti non nasce niente

Dal letame nascono i fiori

다이아몬드에서는 아무것도 나지 않지만

거름에서는 꽃이 핀다네

수학의 발명

앙리 푸앵카레

• 이 글은 1908년 플라마리옹 출판사에서 펴낸『과학과 방법』에서 발췌했다.

수학적 발명의 탄생은 심리학자들에게 가장 큰 관심을 끌 만한 문제이다. 그것은 인간 정신이 외부 세계에 가장 적게 의지하는 행위이다. 인간의 정신은 스스로 그리고 자신을 대상으로 삼아 작동하거나 작동하는 것처럼 보인다. 그러므로 우리는 기하학적 사고의 과정을 연구하면서 인간 정신의 가장 중요한 부분에 닿을 수 있다.

우리는 이 사실을 이미 오래전 깨달았다. 그리고 몇 달 전에 레장과 페르가 발행하는 잡지 《수학 교육》에서 수학자들의 사고 습관과 연구 방법에 대해 조사를 수행했다. 그 조사 결과가 내 강연에서 나타나는 큰 특징들을 구분한 뒤에 이미 발표되었기 때문에, 여기서 자세히 다루지는 못하지만, 수학자들의 말 대부분이 내 결론과 일치한다는 것만 말하겠다. 결론이 100퍼센트 일치한다고는 말하지 않겠다. 보통선거 결과를 볼 때에도 만장일치가 있다고 자신할 수 없기 때문이다.

첫 번째 사실은 우리를 놀라게 할 것이다. 만약 우리가 거기에 익숙하지 않다면 말이다. 어떻게 수학을 이해하지 못하는 사람들이 있을 수 있는가? 수학은 논리 규칙, 똑똑한 사람 모두가 인정한 규칙만 원한다. 모든 사람이 그 규칙의 자명함을 인정하고, 미치지 않고서야 부정할 수 없는 원리에 근거를 둔다. 그런데 어떻게 그렇게 많은 사람이 수학을 싫어하는 것일까?

누구나 발명의 재능을 가지는 것은 아니다. 이러한 사실이 전혀 이상하지도 않다. 어떤 증명을 한 번 배웠다고 누구나 그것을 기억할 수 있는 것도 아니라는 것도 안다. 하지만 수학적 추론을 설명해주는데도 이해하지 못하는 사람이 있다는 것은 생각해보면 참 놀라운 일이다. 아무튼 추론을 힘겹게 따라가는 사람이 대부분이라는 사실은 자명하다. 중고등학교 교사라면 내 말이 틀렸다고 하지 않을 것이다.

그뿐만이 아니다. 어떻게 수학에서 오류가 가능할까? 튼튼한 지성을 갖춘 사람이라면 논리의 오류를 범해서는 안 된다. 일상에서 할 수 있는 짧은 추론에서는 실수하지 않는 똑똑한 사람도 그보다 더 긴 수학적 증명을 따라가지 못하거나 듣고 난 뒤 오류 없이 직접 증명하지 못한다. 수학적 증명은 아주 쉽게 해냈던 짧은 추론들을 모아놓은 것뿐인데 말이다. 뛰어난 수학자도 실수를 범하지 않는 것은 아니라는 사실을 말할 필요가 있을까?

답은 정해져 있는 것 같다. 일련의 삼단논법이 있다고 치자. 앞의 결론은 뒤에 이어지는 삼단논법의 전제가 된다. 우리는 각각의 삼단논법을 이해할 수 있을 것이다. 우리가 실수를 범할 수 있는 부분은 전제에서 결론으로 넘어갈 때가 아니다. 우리가 어떤 삼단논법의 결론으로 하나의 명제를 처음 만나는 순간에서 또 다른 삼단논법의 전제로 그 명제를 다시 만나는 순간까지는 많은 시간이 흐를 수 있다. 그래서 사슬의 고리를 많이 펼쳤을 것이다. 그러면 사슬을 잊어버릴 수 있고, 더 심각하게는 그 사슬의 의미를 잊을 수 있다. 따라서 명제를 조금 다른 명제로 바꾸거나 똑같은 서술을 유지하면서 조금 다른 의미를 부여하는 일이 발생할 수 있다. 그렇게 우리는 오류에 빠진다.

수학자는 종종 규칙을 써야 한다. 그는 자연스럽게 먼저 규칙을 증명하기 시작한다. 증명에 대한 기억이 아직 생생할 때는 그 의미와 영향을 완벽하게 이해했고 그것을 변질시킬 위험이 없다. 그러나 그 이후로는 기억에만 의존하면서 규칙을 기계적으로만 적용한다. 그런데 만약 기억이 나지 않으면 규칙을 이상하게 적용할 수 있다. 간단하고 평범한 예를 들자면, 우리는 가끔 구구단을 잊어버려서 계산을 틀린다.

그렇다면 수학에 필요한 특별한 능력은 믿을 수 있는 기억력이나 천재적인 집중력뿐일 것이다. 그것은 제시된 카드를 모두 기억하는 휘스트 경기자의 능력과 비슷할 것이다. 그보다 한 단계 위로 올라가자면 아주 많은 수의 조합을 예측하고 기억하는 체스 선수의 능력과 비교할 수 있다. 뛰어난 수학자라면 훌륭한 체스 선수일 것이고,

그 반대도 마찬가지이다. 뛰어난 수학자는 훌륭한 계산기이기도 해야 한다. 물론 그런 사람이 가끔 있다. 가우스는 천재적인 기하학자이자 아주 어렸을 때부터 매우 정확하게 계산을 해내는 사람이었다.

하지만 예외도 있다. 어쩌면 또 내가 틀렸을지도 모르지만. 규칙에 부합하는 사례보다 예외가 더 많으면 예외라고 부를 수 없으니 말이다. 가우스는 예외였다. 솔직히 말하면 나는 더하기도 제대로 할 수 없는 사람이다. 체스는 더더욱 못할 것이다. 위험에 노출된다는 것을 알면서도 계산을 할 것이고, 많은 다른 수를 생각해보고 여러 이유로 그 수들을 놓지 않을 것이다. 결국 나는 이미 예측했던 위험을 잊어버리고 처음 생각했던 수를 놓을 것이다.

한마디로 말해서 나는 기억력이 나쁘지 않지만 훌륭한 체스 선수가 되기에는 역부족이다. 그렇다면 왜 어려운 수학적 추론에서는 기억력이 모자라지 않는 것일까? 체스 선수들 대부분은 오히려 헤매는 일을 말이다. 물론 추론의 일반적인 진행 과정이 기억력을 돕기 때문이다.

수학적 증명은 삼단논법을 단순히 열거하는 과정이 아니다. 일정한 순서로 그것을 배치해야 하고, 구성 요소의 배치 순서가 구성 요소 자체보다 훨씬 중요하다. 내가 그 순서를 느끼고, 말하자면 순서에 대한 직감이 있어서 한눈에 추론 전체를 알아볼 수 있다면 구성 요소 중 하나를 잊어버리는 것쯤은 두려워하지 않아도 된다. 각 구성 요소는 미리 준비된 틀에 저절로 자리를 잡을 것이고 굳이 기억하려 애쓰지 않아도 된다.

배운 추론을 반복하면 나도 그 추론을 만들어낼 수 있으리라는 생각이 든다. 혹은 착각에 지나지 않겠지만, 내가 직접 만들어낼 힘이 없으니 추론을 반복함으로써 다시 만들어내는 것이다.

조화와 감춰진 관계를 추측하게 만드는 이런 느낌, 수학적 질서에 대한 직감은 누구에게나 있는 것이 아니다. 딱히 무엇이라고 얘기하기 힘든 그 느낌도 없고 비범한 기억력과 집중력도 없는 사람들은 약간 차원 높은 수학은 전혀 이해할 수 없다. 그리고 그런 사람이 대다수이다. 그런 느낌을 조금밖에 느끼지 못하지만 특출난 기억력과 뛰어난 집중력을 가진 사람이라면 모든 디테일을 기억하고 수학을 이해할 수 있을 것이다. 때로는 수학을 응용까지 하겠지만 창조할 상태에 이르지는 못한다. 내가 말하는 특별한 직감을 많이 가지고 있는 사람들은 기억력이 뛰어나지 않아도 수학을 이해할 뿐만 아니라 그 직감이 어느 정도 발달했느냐에 따라서 창조자가 될 수 있고 어느 정도 성공을 거둘 수 있을 것이다.

그렇다면 수학적 발명이란 무엇인가? 그것은 이미 알려진 수학적 존재들을 새롭게 조합하는 것이 아니다. 그건 누구나 할 수 있다. 게다가 조합이라는 것도 경우의 수가 유한하고, 가장 많은 경우의 수라도 도무지 흥미롭지 않다. 발명한다는 것은 쓸데없는 조합을 하지 않는 것이며 쓸모 있는 아주 적은 수의 조합을 만들어내는 일이다. 발명은 구분 짓고 선택하는 것이다.

선택은 어떻게 이루어져야 하는지는 다른 곳에서 설명한 바 있다. 연구할 가치가 있는 수학적 사실들은 다른 사실들과의 유추를 통해서 우리에게 수학 법칙을 알게 해주어야 한다. 실험적 사실들이 물리학의 법칙을 알게 해주듯이 말이다. 그래야 오래전부터 알려져 있었지만 서로 연관이 없다고 믿었던 사실들이 뜻밖의 관련성이 있다는 점이 드러날 것이다.

선택할 수 있는 조합 중에서 가장 유익한 결합은 아주 멀리 떨어져 있는 분야들에서 가져온 요소들로 만들어진다. 그러나 발명을 하려면 이질적인 대상들을 조합하는 것만으로는 충분하지 않다. 그렇게 만든 조합은 대부분 불모지와 같은데, 드물게 그중 몇 개의 조합만이 유용할 수 있다.

말했듯이 발명하는 것은 선택하는 것이다. 선택이라는 단어가 적절하지 않을지도 모르겠다. 이 말은 구매자에게 수많은 샘플을 보여주고 나서 하나씩 살펴보면서 고르게 하는 장면을 떠올리게 한다. 여기서 샘플은 그 수가 너무 많아서 평생을 다 바쳐도 끝까지 살펴볼 수 없다. 실제로 일은 그렇게 진행되지 않는다. 불모의 조합은 발명가의 머리에는 스치지도 않을 것이다. 발명가의 의식의 장에는 실제로 유용한 조합만 떠오를 것이고, 그가 결국 버릴 조합들도 어느 정도는 유용한 조합의 특징을 갖는 것들이다. 발명가는 1차 시험이 끝난 뒤 합격할 수 있는 응시생에게만 문제를 내는 2차 시험의 감독관과 같다.

그러나 내가 지금까지 말한 것은 수학자의 글을 읽으면서 조금만 생각해보면 관찰하거나 추론할 수 있는 것이다.

이제는 조금 더 나아가 수학자의 머릿속에서 어떤 일이 벌어지는지 살펴보자. 그러기 위한 좋은 방법은 개인적인 기억을 떠올리는 것이다. 내 경우에 한해서, 푹스 함수에 대한 첫 논문을 어떻게 썼는지 말해보겠다. 전문 용어를 좀 쓸 예정이니 미리 양해 바란다. 하지만 그 용어들을 이해할 필요는 없으니 걱정하지 마시길. 예를 들어 나는 어떤 상황에서 어떤 정리를 증명했다는 식으로 말할 것이다. 해당 정리는 이상한 이름으로 불릴 것이고 아마 여러분 중 많은 사람이 모르는 말일 것이다. 하지만 그건 중요하지 않다. 심리학자에게 중요한 것은 정리가 아니라 상황인 것과 같다.

나는 두 주일 전부터 내가 '푹스 함수'라고 부르는 것과 유사한 함수는 존재하지 않는다는 것을 증명하려고

했다. 그때 나는 아무것도 몰랐다. 매일 책상 앞에 앉아서 한두 시간을 보내면서 수많은 조합을 시도했지만 아무런 결과도 얻을 수 없었다. 그러던 어느 날 저녁, 나는 원래 잘 그러지 않는데 블랙커피를 마셨다. 그러자 아이디어가 샘솟았다. 그 아이디어들이 마치 서로 충돌하는 것처럼 느껴졌다. 그리고 마침내 그중 두 개의 아이디어가 결합해서 안정적인 조화를 이루었다. 다음 날 아침, 나는 초기하급수에서 유도되는 푹스 함수의 한 계열이 존재한다는 것을 증명했다. 그다음에는 결과를 적기만 하면 되었고, 몇 시간 걸리지 않았다.

나는 이 함수를 두 개의 급수 값으로 나타내고자 했다. 이 아이디어는 의식적인 사고의 결과였다. 타원함수와의 유사성이 내게 안내자 역할을 해주었다. 급수가 존재한다면 그 성질은 무엇일지 궁금했는데, 나는 '세타푹스급수'라고 부르는 급수를 어렵지 않게 만들어냈다.

그때 나는 캉에서 살고 있었는데, 국립광산대학이 기획한 지질학 여행에 참여했다. 다사다난한 여행은 수학 연구도 잊어버리게 했다. 쿠탕스에 도착한 우리는 옴니버스에 올라 어딘가로 이동할 예정이었다. 그런데 계단에 발을 딛자마자 아이디어가 떠올랐다. 바로 직전까지 했던 생각들 때문에 떠오른 것은 아니었다. 그 아이디어란 푹스 함수를 정의하기 위해 사용했던 변환이 비유클리드 기하학의 변환과 같다는 것이었다. 나는 그 자리에서 아이디어를 검증하지 못했다. 자리에 앉자마자 멈췄던 대화를 다시 시작했기 때문이다. 하지만 곧바로 확신할 수 있었다. 나는 캉에 돌아와서 머리를 식힌 뒤에 결과를 검증했다.

나는 그때 산술 문제를 연구하기 시작했는데 별다른 결과를 내지 못하고 있었고, 이것이 내가 이전에 했던 연구와 관계가 있으리라고는 생각하지 못했다. 성과가 나지 않자 실망한 나는 바닷가에서 며칠 보내기로 하고 다른 생각에 빠졌다. 그러던 어느 날, 해안가 절벽을 산책하다가 아이디어가 떠올랐다. 이번에도 아이디어는 갑자기, 순간적으로 들었고 즉각적인 확신을 주었다. 부정칙 3변수 이차형식의 산술적 변환은 비유클리드 기하학에서의 변환과 같았다!

캉에 돌아온 나는 이 결과를 생각해보고 결론을 얻었다. 이차형식의 예는 초기하급수에 해당하는 것과는 다른 푹스 함수가 존재한다는 것을 보여주었다. 그 함수 계열에 초기하급수 이론을 적용할 수 있었고, 그 결과 초기하급수에서 유도되는 함수—그때까지는 이런 푹스 함수만 존재하는 줄 알았다—와는 다른 푹스 함수가 존재한다는 것을 알게 되었다. 나는 당연히 이 함수 전체를 구성하고 싶었다. 그래서 이 문제를 체계적으로 포위해서 하나씩 보루를 무너뜨리기 시작했다. 마지막까지 버티던 보루가 있었는데 그 보루를 무너뜨려야 중심부를 함락할 수 있었다. 하지만 모든 노력에도 불구하고 문제가 어렵다는 사실만 더 잘 알 수 있었다. 물론 그것도 중요한 일이었지만. 이 과정은 완전히 의식적으로 이루어졌다.

그 상태에서 나는 군 복무를 하러 몽발레리엥으로 떠났다. 따라서 머릿속에는 수학 문제와는 아예 다른 생각들이 많았다. 그러던 어느 날, 길을 건너다가 나를 막고 있던 문제를 해결할 방법이 갑자기 떠올랐다. 나는 그 자리에서 그 답을 더 파고들려고 하지 않고 군 복무를 마친 뒤에 다시 연구를 시작했다. 내게는 퍼즐의 모든 조각이 있었다. 그것을 모아서 맞추기만 하면 되었다. 그래서 논문도 단숨에 쉽게 써내려갈 수 있었다.

사례는 이것 하나만 들겠다. 많이 들어보았자 소용이 없을 테니까. 내가 했던 다른 연구에 관해서도 비슷한 얘기가 나올 뿐이다. 《수학 교육》의 조사에서 다른 수학자들이 했던 얘기도 나와 비슷할 것이다.

가장 눈에 띄는 것은 갑작스러운 깨달음이 생긴다는 점이다. 그것은 그때까지 오랜 시간 무의식적으로 생각했다는 분명한 신호이다. 수학의 발명에서 이러한 무의식적인 과정이 하는 역할에는 이의의 여지가 없다고 본다. 그 역할이 더 미약한 경우에서도 분명 그 흔적을 찾을 수 있다. 어려운 문제를 풀 때 처음에는 제대로 되는 것이 없다. 그러다가 조금 긴 휴식을 취하고 난 뒤에 다시 책상 앞에 앉는다. 첫 30분 동안에는 여전히 답을 찾을 수 없다. 그런데 갑자기 결정적인 아이디어가 떠오른다. 이때 의식적인 노력이 결실을 맺었다고 생각할 수 있다. 잠깐 궁리를 멈추고 휴식을 취했던 뇌가 에너지와 활력을 되찾았기 때문이다. 하지만 그 휴식을 취하는 동안 뇌가 무의식적으로 일하고 있었을 가능성이 더 높다. 그래서 문제의 답이 위에서 말한 사례처럼 수학자에게 드러난 것이다. 다만 아이디어가 산책이나 여행 도중에 떠오른 것이 아니라 의식적으로 연구를 하는 동안, 그 연구와는 별개로 나타난 것이다. 의식적 연구는 시동을 거는 역할만 했을 뿐이다. 휴식하는 동안 이미 나왔지만 아직 무의식의 영역에 남아 있는 답이 의식적인 형태를 띨 수 있게 자극한 것이다.

무의식적인 연구의 조건에 대해 기억해야 할 것이 또 있다. 의식적인 연구가 항상 선행하고 또 후행해야만 무의식적인 연구도 가능하고 풍요로울 수 있다는 사실이다. 번뜩이는 영감은 그냥 찾아오지 않는다(내가 든 예들로 이미 충분히 증명되었다). 며칠 동안 의도적인 노력을 기울였지만 허사로 보이고, 제대로 한 일이 없는 것 같고, 완전히 잘못된 길로 들어선 것 같다고 느낀 뒤에야 찾아온다. 그러니까 노력은 생각만큼 쓸모없지 않았다. 그 노력이 무의식의 메커니즘을 작동시킨 것이다. 노력이 없었다면 무의식은 작동하지 않았을 것이고 아무런 결과도 내지 못했을 것이다.

영감이 찾아온 뒤 다시 의식적인 연구가 필요한 까닭은 더 잘 알 수 있다. 영감에서 얻은 것을 이용해서 즉각적으로 답을 끌어내고 정리해서 증명을 써내려가야 한다. 그리고 무엇보다 그 답을 검증해야 한다. 나는 영감을 받자마자 확신이 들었다고 말했었다. 내가 말한 사례에서 그 느낌은 틀리지 않았고, 대부분의 경우 그럴 것이다. 하지만 그것이 예외 없이 적용되는 규칙이라고 믿어서는 안 된다. 그런 확신에 우리가 자주 속기도 하고, 확신이 강해서 무조건 맞다고 느끼기 때문이다. 그런데 막상 증명을 하려고 하면 그렇지 않다는 것을 알게 된다. 내 경우에는 아침이나 저녁에 침대에 누워 반수면 상태에 있을 때 떠오른 아이디어들이 그럴 때가 많았다.

여기까지는 실제 사실이고 이제부터는 우리가 해야 할 생각을 소개하겠다. 무의식적 자아 또는 잠재적 자아는 수학의 발명에 아주 중요한 역할을 한다. 그것은 그 앞에 선행된 모든 것에서 비롯된다. 그런데 사람들은 보통 잠재적 자아를 완전히 자동적인 것으로 생각한다. 수학 연구는 단순히 기계적인 연구가 아니어서 기계에 맡길 수 없다. 아무리 완성도가 높은 기계라도 말이다. 규칙을 적용하고 어떤 결정된 법칙에 따라 최대한 많은 수의 조합을 만들어내는 것이 아니기 때문이다. 그렇게 만들어진 조합은 많기만 하고 쓸모없어서 처치 곤란일 것이다. 진짜 발명가의 작업은 그 조합 중에서 쓸모없는 조합, 또는 만들 필요도 없는 조합을 제거하는 것이다. 그 선택을 이끌어줄 규칙은 지극히 정교하고 세밀하다. 적확한 언어로 표현하는 것조차 거의 불가능할 지경이다. 말로 표현되기보다는 느껴지는 편이라고 해야겠다. 이런 조건에서 어떻게 그 규칙들을 기계적으로 적용할 기준을 찾을 수 있을까?

첫 번째 가정을 해볼 수 있다. 잠재적 자아는 의식적 자아보다 절대 열등하지 않다. 잠재적 자아는 완전히 자동적이지 않으며, 분별력과 전략, 정교함이 있다. 그것은 선택을 할 줄 알고, 추측을 할 줄 안다. 뭐랄까, 의식적 자아보다 추측을 잘한다. 의식적 자아가 실패한 것을 잠재적 자아가 이루기도 하기 때문이다. 그렇다면 잠재적 자아는 의식적 자아보다 뛰어난 게 아닐까? 이 문제가 얼마나 중요한지 이해했으리라. 얼마 전 강연회에서 부트루 씨는 매우 다른 경우에 어떻게 이것이 문제가 되었는지, 그리고 잠재적 자아가 뛰어나다는 것이 어떤 결과들을 냈는지 언급한 적이 있다.[51]

그렇다면 잠재적 자아가 뛰어나다는 답을 내가 앞에서 이야기한 사실들을 근거로 받아들일 수밖에 없는가? 솔직히 말하면 나는 마음이 내키지 않는다. 사실들을 다시 살펴보고 다른 설명이 가능하지 않을지 생각해보자.

무의식적인 연구 끝에 계시처럼 머릿속에 갑자기 떠오르는 조합들이 대부분 유용하고 풍요로운 조합인 것은 확실하다. 그 조합들은 첫 번째 분류의 결과로 보인다. 예민한 직감으로 그 조합들이 유용할 것으로 짐작한 잠재적 자아는 유용한 조합만 만들어낸 것일까? 아니면 무의식 속에 남아 있는 무용한 다른 많은 조합도 만들어냈을까?

다른 조합도 많이 만들어냈다고 치면, 모든 조합은 잠

재적 자아의 자동적 메커니즘에 의해 만들어졌을 것이다. 그리고 그중에서 흥미로울 법한 조합들만 의식의 장으로 들어온 것이다. 그런데 이 또한 알쏭달쏭하다. 무의식적 활동이 낳은 수많은 결과 중 의식의 문턱을 넘게 하거나 무의식에 남아 있게 하는 것은 무엇일까? 그냥 우연 때문일까? 물론 그렇지 않다. 예를 들어 우리의 감각이 흥분할 때 다른 이유를 모두 배제하자면 가장 강렬한 것만 우리의 관심을 끈다. 의식의 장으로 나아갈 수 있는 무의식적 현상은 직간접적으로 우리의 감수성을 가장 깊이 파고드는 것이다.

수학적 증명을 얘기하면서 지성이 아니라 감수성을 언급했다는 사실에 놀랄지 모르겠다. 그렇다면 그것은 수학이 가진 아름다움에 대해 느끼는 감정, 수와 형태의 조화, 기하학의 우아함에 대한 감정을 잊어버리는 것이다. 진정한 수학자라면 누구나 이러한 미적 감정을 갖고 있다. 이것이 바로 감수성이다.

그런데 우리가 아름다움과 우아함이라는 특징을 부여했고 우리에게 일종의 미적 감동을 줄 수 있는 수학적 존재는 과연 무엇일까? 그것은 구성 요소들이 조화롭게 배치되어 있어서 우리의 정신이 별다른 노력 없이 전체를 아우를 수 있고 그러면서도 디테일을 놓치지 않게 하는 것들이다. 이 조화는 우리의 미적 갈망을 충족시켜주고 동시에 우리의 정신을 지지하고 안내한다. 또한 우리에게 질서 정연한 전체를 보여줌으로써 수학적 법칙을 예감하게 한다. 그런데 앞에서도 말했듯이 우리의 관심을 사로잡을 만하고 유용할 수 있는 수학적 사실만이 수학적 법칙을 발견하게 해준다. 그러므로 우리는 다음과 같은 결론에 이를 수 있다. 유용한 조합은 가장 아름다운 조합이다. 수학자라면 누구나 아는 특별한 감수성을 가장 잘 사로잡을 수 있는 조합 말이다. 이 감수성을 일반인은 잘 몰라서 웃음을 터뜨리기도 한다.

그러면 어떤 일이 일어날까? 잠재적 자아가 맹목적으로 만들어낸 아주 많은 수의 조합 중 대부분은 흥미롭지도 않고 유용하지도 않다. 그리고 바로 그런 점 때문에 미적 감수성에 아무런 영향도 미치지 못한다. 의식은 그 조합들에 대해 알 일이 없다. 조화롭고, 그래서 유용하며 아름다운 조합은 몇 개에 지나지 않는다. 이 조합들은 내가 말했던 수학자의 특별한 감수성을 감동시킬 수 있다. 감수성이 자극되면 우리가 해당 조합에 관심을 갖게 되고 그렇게 해서 조합들은 의식의 장으로 들어갈 수 있다.

이것은 가정일 뿐이지만 그 가정을 확인할 수 있는 사실이 있다. 수학자에게 갑작스러운 깨달음이 찾아오면 그 깨달음이 수학자를 속이는 경우는 드물다. 하지만 이미 말했듯이 섬승의 시험을 버티지 못할 때가 가끔 있다. 그 가짜 아이디어가 만약 옳은 것이었다면 수학의 우아함을 알아보는 우리의 본능을 건드렸을 것이다.

이 특별한 미적 감수성이라는 것이 내가 앞에서 말한 까다로운 기준이 된다. 그러므로 그 감수성이 없는 사람은 진정한 발명가가 될 수 없다는 사실을 이해할 수 있을 것이다.

그러나 모든 문제가 사라진 것은 아니다. 의식적 자아는 매우 제한적이다. 반면에 잠재적 자아는 그 한계가 어디인지 모른다. 그래서 잠재적 자아가 아주 적은 시간에 의식적 자아가 평생 파악하지도 못할 만큼 최대한 다양한 조합을 만들 수 있다는 가정을 거부하지 않는 것이다. 그런 한계는 분명 존재한다. 가능한 모든 조합이어서 그 수를 상상하지도 못할 정도인 조합을 만드는 것이 가능할까? 불가능하더라도 그것은 필요해 보인다. 만약 적은 수의 조합만 만든다면, 그리고 그 조합을 우연히 만들어 낸다면, 선택할 수 있는 좋은 조합이 그 안에 들어 있을 가능성은 적기 때문이다.

아마 그 설명은 유익한 무의식적 연구에 항상 선행되는 의식적 연구에서 찾아야 할 것이다. 이를 위해 하나의 조합을 대충 만들어보자. 우리의 조합을 구성할 요소들을 에피쿠로스의 갈고리가 달린 원자와 비슷한 무언가로 생각해보자. 뇌가 완전히 휴식을 취하는 동안 이 원자들은 움직이지 않는다. 벽에 붙어 있다고 말해도 되겠다. 완전한 휴식은 이 원자들이 서로 만날 때까지 무한대로 길어질 수 있다. 결국 그 사이에서는 아무런 조합도 만들어지지 않는다.

반대로 겉보기에는 쉬는 것 같지만 무의식이 일하는 동안에는 원자들 중 몇 개가 벽에서 떨어져 나와 움직이기 시작한다. 그들이 갇힌 공간 속에서 사방을 누비고 다닌다. 마치 파리떼처럼 말이다. 더 현학적인 예를 원한다면, 기체 분자 운동론에서 기체 분자들이 움직이듯 말이다. 원자들은 서로 충돌하면서 새로운 조합을 만들어낼 수 있다.

선행되는 의식적 연구의 역할은 무엇일까? 당연히 원자들 중 몇 개를 움직이게 하는 것이다. 원자들을 벽에서 떼어내서 요동치게 만들어야 한다. 온갖 방법으로 원자들을 움직여서 조립하려 했지만 만족스러운 조립을 찾지 못했을 때 우리는 잘한 일이 없다고 느낄 것이다. 그러나 우리의 의지로 원자를 움직이게 하고 나면 원자들은 원래의 휴식 상태로 돌아가지 않는다. 그냥 자유롭게 춤을 춘다. 그런데 우리의 의지는 원자들을 임의로 선택하지 않았다. 완벽하게 결정된 목적을 따랐기 때문이다. 따라서 동원된 원자들은 아무개 원자들이 아니다. 우리가 찾던 답을 줄 것이라고 합리적으로 기대할 수 있는 원자들이다. 동원된 원자들은 충격을 서로 주고받으며 자기들끼리 조합을 이루거나 혹은 움직이다가 부딪힌 다른 고정 원자들과 조합을 이룰 것이다. 내가 든 비교가 완벽하지 않아서 다시 한 번 양해를 구해야겠다. 하지만 다른 방법으로는 내 생각을 어떻게 표현해야 할지 모르겠다.

어찌 되었든 간에, 만들어질 가능성이 있는 유일한 조합은 구성 요소 중 적어도 하나를 우리의 의지로 자유롭게 선택한 조합이다. 그리고 그런 조합 중에 내가 말한 좋은 조합이 있다. 어쩌면 이것이 첫 번째 가정에서 드러난 모순을 해결할 방법일 것이다.

관찰할 수 있는 또 다른 사실이 있다. 무의식적 연구가 정해진 규칙만 적용하면 풀리는 긴 연산의 답을 뚝딱 전해주는 일은 결코 없다. 자동성을 갖춘 잠재적 자아가 기계적이라 할 수 있는 이런 일에 특화되었으리라고 생각할 수 있다. 밤에 잠을 자면서 곱셈의 인수를 생각하면 아침에 일어날 때 완성된 답을 알 수 있으리라고 기대하는 것과 같다. 대수 계산이 무의식적으로 이루어진다고 믿는 것도 마찬가지이다. 사실은 전혀 그렇지 않다. 그것을 관찰해보면 확인할 수 있다. 무의식적 연구에서 나오는 영감으로부터 기대할 수 있는 것은 그런 연산을 해나가기 위한 출발점이다. 연산 자체는 영감을 얻은 뒤에 해야 하는 의식적 연구 시기에 직접 해야 한다. 영감에서 나온 답을 검증하고 거기에서 결과를 끌어내야 한다. 그 연산의 규칙은 엄격하고 복잡하다. 그것은 절제, 집중력, 의지, 그리고 의식을 요구한다. 잠재적 자아에서는 자유가 지배한다. 절제가 없는 상태, 우연에서 탄생한 무질서를 나는 자유라고 부르고 싶다. 다만 그 무질서가 뜻밖의 조합을 가능하게 한다.

마지막으로 한마디 하자면, 앞에서 개인적으로 관찰했던 사실들을 소개하면서 나도 모르게 연구에 몰두했던 밤에 대해 말했었다. 그런 경우는 많은데, 내가 말한 것과 같은 물리적 자극으로 비정상적인 뇌 활동이 일어날 필요는 없다. 그럴 경우, 의식이 과도하게 흥분하기 때문에 무의식적 연구가 일어나더라도 그것을 완전하게 인지할 수 없다. 그렇다고 해도 본질이 바뀌지는 않는다. 우리는 두 메커니즘 또는 두 '자아'의 연구 방식이 갖는 차이점을 어렴풋이 알게 될 것이다. 내가 할 수 있었던, 의식과 무의식의 관찰은 내가 말한 관점을 전반적으로 확인해주는 듯하다.

어쨌거나 이런 관찰이 필요하긴 하다. 그것들은 가정이고, 가정으로 남을 수밖에 없으니까. 하지만 이것은 매우 흥미로운 문제여서 독자들에게 소개했다는 것을 후회하지 않는다.

출처

· 세드리크 빌라니의 글(19~98쪽)은 2013년 3월 20일 나무르 대학교 수학과와 브뤼셀의 시(詩) 정오 협회(Les Midis de la poésie)가 공동 주최하고 나무르 문화센터에서 열린 강연회에서 발표한 것이다.

· 〈불완전함에 대한 찬가〉(79~98쪽)는 2012년 7월에 열린 라 밀라네지아나(La Milanesiana) 축제를 위해 쓴 글이다.

· 앙리 푸앵카레의 글(99~125쪽)은 1908년 플라마리옹 출판사에서 출간된 『과학과 방법 *Science et Méthode*』에서 발췌했다(1권 3장, 43~63쪽).

주

1 수학을 단수(la mathématique)로 표시해야 할까 아니면 복수(les mathématiques)로 표시해야 할까? 나는 복수로 쓸 합당한 이유가 없다고 깨달은 순간부터 단수로 쓰기로 했다. 복수는 과거에 예술과 과학의 플라톤식 구분을 내리기 위해 쓰였을 뿐이다. 그런데 과거에도 수학을 단수로 표기한 적이 있다. 예를 들어 니콜라 부르바키(20세기 프랑스를 중심으로 현대 수학의 기초를 닦은 수학자 집단)는 단수를 썼다. 단수는 동일한 원칙을 가지고 있는 매우 다양한 하위 분야로 나뉜 학문 분야의 통일성을 강조해준다. 다만 제목에 수학을 복수로 표기한 것은 레오폴 세다르 상고르가 썼던 아름다운 표현을 해치지 않기 위함이다.

2 장-피에르 세르(1926~)는 프랑스의 수학자로 파리과학원 회원이다. 필드상과 아벨상을 수상했으며 20세기의 위대한 수학자 중 한 명으로 꼽힌다.

3 중국의 수학자 장이탕(1955~)은 2013년에 소수 간극에 관한 논문을 발표해서 세계적인 명성을 얻었다. 프랑스의 수학자인 로제 아페리(1916~1994)는 1997년에 리만 제타 함수 3에 해당하는 값이 무리수임을 밝혔다. 그 이후로 이 값을 '아페리 상수'라고 부른다.

4 1921년 1월 프로이센 왕립 과학원에서 〈기하학과 실험〉이라는 강연을 했던 아인슈타인은 "과학 분야 중 수학이 특별 대우를 받는 것은 수학의 법칙들이 절대적으로 확실하고 이의의 여지가 없기 때문이다.

다른 과학 법칙들은 어느 정도 반박의 여지가 있고, 새로 발견된 사실로 인해 폐기될 위험을 항상 갖고 있다"고 말했다.

5 세네갈의 수학자이자 다카르의 셰이크 안타 디오프 대학교 과학기술대 학장을 역임한 아메 세디—그는 알렉산더 그로텐디크와 함께 일하는 영광을 누렸다—는 상고르의 표현이 어떻게 탄생하게 되었는지 그 일화를 나에게 들려주었다. 그 당시 세네갈 대통령이었던 상고르는 국제 학술대회의 기조연설을 할 예정이었는데, 세디가 학술대회 프로그램을 가져다주자 이상한 강연 제목들을 한참 들여다보더니 "여러분 수학자들은 과학의 시를 쓰는군요."라고 말했다고 한다.

6 교양과 열정이 넘치던 그 독자의 맛깔스러운 편지를 도저히 찾을 수 없었다. 내가 기억하기로 그는 "당신의 글은 말라르메 이후, 그리고 상징주의 이전의(아니면 '연금술 이전의') 산문 같습니다"라고 말했다.

7 세디의 논문 중 하나의 제목은 〈표수 0에서 탁월한 환의 이론〉이다. 그 뜻은 명징하지만 마치 실험적인 시의 한 구절처럼 들리지 않나?

8 만 레이가 푸앵카레 연구소에 갔을 때 영감을 얻어 만든 작품들에 대해서는 이자벨 푸르튀네가 다루었다("Man Ray et les objets mathématiques," *Études photographiques*, 6, mai 1999). 그밖에도 Grossman, Wendy A., Adina Kamien-Kazhdan, Édouard Sebline, Andrew Strauss : *Man Ray—Human Equations: A Journey From Mathematics to Shakespeare*, Hatje Cantz, 2015를 참조하고, 기하학 모델에 관한 폭넓은 관점을 알아보려면 *Objets mathématiques*, ouvrage collectif édité par Jean-Philippe Uzan et Cédric Villani, CNRS Editions, 2017 참조.

9 『거울 나라의 앨리스』에서 앨리스가 하얀 기사와 '노래 이름의 이름'에 관해 나누는 대화를 읽은 컴퓨터 공학자는 어쩔 수 없이 포인터의 주소와 포인터 대상의 주소가 갖는 미묘한 차이를 떠올린다. 그리고 수학자는 집합과 집합을 정의하는 성질의 차이를, 논리학자는 쿠르트 괴델이 불완전성 정리를 증명할 때 명제들의 번호 매기기에 관해 벌인 토론을 떠올릴 수밖에 없다.

10 Cédric Villani, un mathématicien aux métallos (ARTE Éditions,

2017) 중 강연 '아이디어를 탄생시키려면(Pour faire naître une idée)' 참조.

11 잠재문학실험실을 뜻하는 'Ouvroir de littérature potentielle'의 약어
    이다.

12 레몽 크노(1903~1976)는 프랑스의 소설가이자 시인, 초현실주의
    자, 언어학자, 수학자, 번역가, 편집자, 작사가, 화가 등으로 활동하며
    독보적인 창작 세계를 일궜다.

13 Raymond Queneau, *Cent milles millards de poèmes*, Paris: Gallimard,
    1961.

14 Raymond Queneau, in Oulipo, *La Littérature potentielle: Créations, re-
    créations, récréations*, Paris: Gallimard, 1973. 〈개미와 매미〉의 프랑
    스어 원본과 한국어 번역본은 다음과 같다.

La Cigale, ayant chanté	매미는 노래를 불렀네
Tout l'été,	여름 내내
Se trouva fort dépourvue	겨울바람이 불 때
Quand la bise fut venue :	매미는 먹을 것이 없었네
Pas un seul petit morceau	파리나 벌레의
De mouche ou de vermisseau.	작은 부스러기 하나 없었네
Elle alla crier famine	매미는 이웃인 개미에게
Chez la Fourmi sa voisine…	배고픔을 호소하러 갔네

'울리포' 버전 ———

La cimaise ayant chaponné	쇠시리는 거세되었네
Tout l'éternueur	재채기 내내
Se tuba fort dépurative	산유자나무가 초록으로 물들 때
Quand la bixacée fut verdie :	정화제가 목욕을 했네
Pas un sexué pétrographique morio	스컹크나 작은멋쟁이나비의
De moufette ou de verrat.	수퇘지 유성생식 암석학자도 없었네
Elle alla crocher frange	화산 분수에게 찾아가
Chez la fraction sa volcanique…	술장식을 붙이라고 말했네

15 잠재만화실험실을 뜻하는 'Ouvroir de bande dessinée potentielle'의 약어이다.

16 보리스 비앙(1920~1959)은 소설가, 작사가, 평론가, 번역가, 재즈 음악가, 엔지니어 등으로 전방위에서 활동했던 프랑스 문학계의 다재다능한 인물이다.

17 1977년에 비공식 출간된 Boris Vian, *Mémoire concernant le calcul numérique de Dieu par des méthodes simples et fausses* (1955) 참조. 프랑스 국립도서관 아르세날 분관 4-Z-6571에 보관되어 있다.

18 『살아 있는 정리』, 세드리크 빌라니, 이세진 · 임선희 옮김, 해나무, 2014. 15장 참조.

19 Cédric Villani, "Paradoxe de Scheffer-Shnirelman revu sous l'angle de l'intégration convexe [d'après C. De Lellis et L. Székelyhidi]," séminaire Bourbaki, novembre 2008 참조. https://cedricvillani.org/sites/dev/files/old_images/2012/08/B10.Bourbaki2.pdf.

20 Henri Poincaré, *Science and Method*, 1908.

21 1936년 글에서 아인슈타인이 실제로 했던 말을 이해하기 쉽게(그러나 정확하지는 않다) 바꾼 문장이다. Alice Calaprice, ed., *The Expanded Quotable Einstein* (Princeton, NJ: Princeton University Press, 2000), 278-Trans 참조.

22 수학을 인문과학의 언어로 사용하려는 시도도 있었지만 타당성이 부족한 것으로 드러났다.

23 Cédric Villani, "L'écriture des mathématiciens," in Éric Guichard, ed., *Écritures: Sur les traces de Jack Goody* (Lyon: Presses de Enssib, 2012) 참조. (http://barthes.ens.fr/articles/Villani-ecriture-mathematiciens.pdf).

24 S. J. Szarek and D. Voiculescu [2000], "Shannon's Entropy Power Inequality via Restricted Minkowski Sums," in V. D. Milman and G. Schechtman, eds, *Geometric Aspects of Functional Analysis*, Lecture Notes in Mathematics, vol. 1745 (Berlin: Springer, 2007), 257-62 참조.

25 알렉산더 그로텐디크(1928~2014)는 독일 태생의 무국적 수학자로, 함수해석학, 호몰로지 대수학, 대수기하학의 거장이다.

26 A. Grothendieck, "Classes de faisceaux et théorème de Riemann-Roch" [1957]; published in *Séminaire de géométrie algébrique* [SGA 6], Lecture Notes in Mathematics 225 (Berlin: Springer, 1971) 참조.

27 미하일 그로모프(1943~)는 러시아에서 태어나 프랑스에서 활동하는 수학자로, 기하학, 해석학, 대수학 등 수학의 여러 분야에 업적을 남겼다.

28 샤벨스코이 부인에게 보내는 편지에서 발췌. 조금 다른 버전이 *Sónia Kovalévsky: Her Recollections of Childhood*, trans. Isabel F. Hapgood (New York: Century Co., 1985)에 나와 있다.

29 푸앵카레 추측과 페렐만의 증명에 관해서는 다음을 참조. Masha Gessen, *Perfect Rigor: A Genius and the Mathematical Breakthrough of the Century* (Boston: Houghton Mifflin Harcourt, 2009).

30 윌리엄 서스턴(1946~2012)은 서로 관련 없어 보이는 많은 분야를 3차원 다양체 연구에 연관시킨 미국의 수학자이다. 1982년에 필즈상을 받았으며 수학 교육과 대중화에 힘썼다.

31 그로텐디크의 미발행 원고인 *Recoltes et semailles: Réflexions et témoignage sur un passé d'un mathématicien* (1986)은 다음에서 PDF 형식으로 열람할 수 있다. https://uberty.org/wp-content/uploads/2015/12/Grothendeick-RetS.pdf.

32 르네 톰(1923~2002)은 프랑스의 수학자이다. 보충 경계 이론을 발견한 공로로 1958년에 필즈상을 수상했다.

33 장 부르갱(1954~)은 벨기에의 수학자로, 해석학과 기하학 등 여러 수학 분야에서 많은 업적을 남겼다. 필즈상 등을 수상했다.

34 조지프 두브(1910~2004)는 미국의 수학자로, 확률론에 기여했다.

35 라르스 회르만데르(1931~2012)는 선형 편미분 방정식 연구에 공헌한 스웨덴의 수학자로 1962년 필즈상을 수상했다.

36 내가 쓴 책 『최적 수송 토픽 *Topics in Optimal Transportation*』

(Providence, RI: American Mathematics Society, 2003)은 문체가 자유분방하고 신선하다는 칭찬을 많이 받았다. 하지만 10년 뒤 책을 재출간하기 위해 다시 들여다봤을 때는 어떻게 그렇게 엉성한 방식으로 글을 썼는지 내가 봐도 의아할 정도였다.

37 승합마차를 뜻하는 옴니버스(omnibus)는 여러 사람이 탈 수 있는 대중교통 수단이다. 옴니버스는 라틴어로 '모든 사람들을 위한'이란 뜻이다.

38 《Obsession》du *Nouvel Observateur*, 8 octobre 2012에 발표된 글. https://o.nouvelobs. com/pop-life/20121008.OBS4885/obsession-du-mois-cedric-villani.html.

39 Cédric Villani, un mathématicien aux métallos (ARTE Éditions) DVD에 수록된 강의 영상 참조.

40 1999년에 시작된 '라 밀라네지아나' 축제에 관해서는 다음을 참조. http://www.lamilanesiana.eu/

41 이 아름다운 문장은 1905년에 출간된 『과학의 가치*The Value of Science*』(앙리 푸앵카레) 마지막을 장식한다.

42 삼체문제는 세 개의 물체 간에 만유인력이 작용할 때 그 궤도를 구하는 문제로, 삼체문제의 일반해를 구하지 못한다는 것이 푸앵카레에 의해 증명되었다. 이 문제는 미분 방정식, 변분학, 위상기하학 등이 발전하고, 카오스 이론이 등장하는 데 영향을 주었다.

43 자크 아다마르(1865~1963)는 소수 정리의 증명으로 유명한 프랑스의 수학자로, 해석학, 대수학 분야에 많은 업적을 남겼다.

44 Henri Poincaré, *Science et Méthode* (1908), 1권 4장.

45 프리드리히 니체, 『차라투스트라는 이렇게 말했다』, 서문 5장.

46 Voltaire, *Éléments de la philosophie de Newton* (1738), Troisième partie, chapitre V.

47 앤드루 와일스(1953~)는 약 350년 동안 풀리지 않았던 페르마의 마지막 정리를 증명해 2016년 아벨상을 수상한 영국의 수학자이다.

48 존 내시의 성과에 관해서는 내가 쓴 책 『살아 있는 정리』 29장 참조.

49 John Nash, "C^1-isometric imbeddings," *Ann. Math*. 60, no. 2 (1954):

383 – 96과 "The imbedding problem for Riemannian manifolds," *Ann. Math.* 63, no. 1 (1956): 20 – 63 참조.

50 『뷰티풀 마인드』, 실비아 네이사, 신현용 · 이종인 · 승영조 옮김, 승산, 2002 참조. 더 기술적인 내용은 내가 쓴 글 "Nash et les équations aux dérives partielles", Matapli108 (4 November 2015): 35-53; https://cedricvillani.org/sites/dev/files/old_images/2015/12/Matapli108_C_Villani.pdf 참조.

51 Émile Boutroux, *Science et religion dans la philosophie contemporaine*, Flammarion, 1908, p. 313 이하 참조.

찾아보기

139

수학은 과학의 시다

1판 1쇄 펴냄 2021년 5월 28일
1판 2쇄 펴냄 2022년 5월 10일

지은이 세드리크 빌라니
옮긴이 권지현

주간 김현숙 | **편집** 김주희, 이나연
디자인 이현정, 전미혜
영업·제작 백국현 | **관리** 오유나

펴낸곳 궁리출판 | **펴낸이** 이갑수

등록 1999년 3월 29일 제300-2004-162호
주소 10881 경기도 파주시 회동길 325-12
전화 031-955-9818 | **팩스** 031-955-9848
홈페이지 www.kungree.com
전자우편 kungree@kungree.com
페이스북 /kungreepress | **트위터** @kungreepress
인스타그램 /kungree_press

ⓒ 궁리출판, 2021.

ISBN 978-89-5820-722-1   03410